Ingo Gaida

Agiles Arbeiten in der Praxis

Wie Unternehmen besser arbeiten und mehr Werte schaffen

Ingo Gaida
Hilden, Nordrhein-Westfalen, Deutschland

ISBN 978-3-662-63964-1   ISBN 978-3-662-63965-8   (eBook)
https://doi.org/10.1007/978-3-662-63965-8

Die Deutsche Nationalbibliothek verzeichnet diese Publikation in der Deutschen Nationalbibliografie; detaillierte bibliografische Daten sind im Internet über http://dnb.d-nb.de abrufbar.

Planung/Lektorat: Mareike Teichmann
Springer Gabler ist ein Imprint der eingetragenen Gesellschaft Springer-Verlag GmbH, DE und ist ein Teil von Springer Nature.
Die Anschrift der Gesellschaft ist: Heidelberger Platz 3, 14197 Berlin, Germany

Agiles Arbeiten in der Praxis

Geleitwort

Veränderung und Fortschritt waren schon immer unser ständiger beruflicher Wegbegleiter. Aber in den letzten zehn Jahren haben sich Entwicklungen und Möglichkeiten derart beschleunigt und vervielfacht, dass die Fähigkeit zur Agilität immer ausgeprägter zu einer entscheidenden Kernkompetenz wird. Auf den Punkt gebracht: „Agility makes the World go round" und eben auch „Agility makes my world go around.". Diese Fähigkeit zur Agilität ist als Thema äußerst vielschichtig und findet seine Konkretisierung im flexiblen Arbeitsmarkt, den globalen Wertschöpfungsketten und in der Plattform-Ökonomie.

Agilität ist für mich auch eine persönliche Einstellungsfrage, verbunden mit individuellen Charaktereigenschaften und Wesenszügen. Während gewisse Menschen Neuem äußerst aufgeschlossen gegenüber eingestellt sind – typische spontane Denkweise und Reaktion darauf: „Spannend, tönt interessant, möchte mehr davon in Erfahrung bringen, erzähl mal" – blocken andere mit der Aussage „Kenn ich nicht, brauch ich nicht, es läuft ja so wie es ist und überhaupt, komisch sich jetzt plötzlich solche neuen Gedanken zu machen; ist Dir langweilig?" jeglichen Diskurs ab. Die Hunde bellen und die Karawane zieht trotzdem oder gerade deswegen weiter oder wie es der Friedensnobelpreisträger

Michail Gorbatschow treffend formuliert hat: „Wer zu spät kommt, den bestraft das Leben". Und dies trifft gerade heute im Wirtschaftsleben allgemein und im ganz speziellen auf den Arbeitsmarkt zu, der den dynamischen und teilweise disruptiven Kräften wie der digitalen Transformation stark ausgesetzt ist. Eine Zahl dazu: Man geht heute davon aus, dass zwei Drittel der jetzt heranwachsenden Kinder einen Beruf ausüben werden, den es heute noch nicht gibt. Was bedeutet dies für Unternehmen wie auch für die Lehre und Ausbildung? Welche Eigenschaften müssen Unternehmen wie auch Mitarbeiter bereits heute entwickeln und schärfen, um diesem Umstand Rechnung zu tragen?

Für meine Studenten folgt daraus, dass sie sich erst einmal mental, aber eben auch praktisch und konkret auf ein lebenslanges Lernen einstellen und einzulassen haben. Diese Einstellung, dieses Mindset gilt es zu entwickeln und gezielt zu fördern. Denn Kompetenz zur Agilität aufzubauen, ist für mein Dafürhalten mindestens genauso wichtig wie den aktuellen Stand in Wissenschaft und Forschung pädagogisch und didaktisch sinnvoll zu vermitteln.

Auch die Unternehmen haben sich konsequent und schnell an die neuen Anforderungen der Kunden und Stakeholder anzupassen. Für die Entwicklung der eigenen Reputation und der Positionierung der Marke ist das eine echte Herausforderung. Eine Marken-Identität wird nämlich über Jahre hinweg entwickelt und ist nur schwerlich dauernd dehnbar. Es gilt also daher, einerseits Stabilität und dadurch Verlässlichkeit nach wie vor im Fokus zu haben, aber eben nun gepaart mit Flexibilität und dem Mindset des ständigen Wandels. Durch die Plattformökonomie verändert sich nämlich auch die Funktion und dadurch die Daseinsberechtigung von Marken. Während es früher im Branding darum ging, eine Marke zu bauen, um damit Kunden anzuziehen, steht heute nicht mehr die Marke im Mittelpunkt, sondern die Community in der die Marke einen positiven Beitrag leisten kann und so einen wahrnehmbaren Nutzen stiftet. In Fachkreisen spricht man von „Brand as a Service", also Marke als Dienstleistung, und dementsprechend legt das Branding 4.0 den Fokus auf die Transformation von Geschäftsmodellen durch die Entwicklung von Markenengagement.

Und weil alles agiler wird, muss sich auch die Marke entsprechend agil verhalten, sprich weiterentwickeln, genauso wie es dessen Community eben auch tut. Macht sie dies nicht, verliert die Marke ansonsten stetig an Relevanz.

Dies gilt ausgeprägt auch für die Arbeitgebermarke. Google beispielsweise erwartet und bietet gleichzeitig diese geistige und physische Agilität. So wird bereits seit einigen Jahren in der Arbeitsbeziehung von potenziellen, zukünftigen Google-Mitarbeitenden und dem europäischen Firmensitz in Zürich als Schlüsselqualifikation 100 % Flexibilität vorausgesetzt und zwar sowohl thematisch also geistig als auch örtlich. Denn bei Stellenantritt ist es noch völlig offen, wo auf der Welt man in vier Monaten mit wem an was für einem Projekt arbeitet. „Cool" sagt sich der Google Mitarbeiter und „Cool" sagt Google, denn man ist Verbündete im Geiste und lebt diese Unternehmenskultur der „totalen Agilität" aus Überzeugung.

Im Kontext des Arbeitsmarktes wird es bereits in absehbarer Zeit Mainstream sein, dass er den Gesetzen der Plattformökonomie nicht nur folgt, sondern in der Endkonsequenz diesen Gesetzen vollumfänglich gehorcht. Nicht zufälligerweise spricht man daher schon heute von der sogenannten „Uberisierung des Arbeitsmarktes". Das Arbeiten verändert sich rasant in Richtung 100 % Flexibilität, 100 % Variabilität und 100 % Convenience - und zwar sowohl von Seite des Arbeitnehmers als auch vonseiten des Arbeitgebers her betrachtet.

Ich selber habe bereits mehrere äußerst positive Erfahrungen mit der Plattform Fiverr gemacht. Die Erstellung meiner eigenen Homepage hat ein Web-Entwickler aus Pakistan zu meiner absolut vollsten Zufriedenheit geleistet, während die über hundert Abbildungen und Illustrationen für meine beiden Bücher eine Graphikerin aus Osteuropa äußerst kreativ und professionell designt hat. Dementsprechend positiv – jeweils mit fünf Sternen – habe ich die beiden Dienstleister bei Abschluss des Auftrags öffentlichkeitswirksam auf der Plattform beurteilt. Solche Plattformen bieten die Flexibilität, Variabilität und Convenience, die es heutzutage braucht - und all dies zu einem großartigen Preis-Leistungsverhältnis.

Auch das Unternehmen Coople bieten schon heute ein solch 100 % flexibles Workforce Management an. Ein Spitzenkoch beispielsweise kann deshalb im Sommer seiner Leidenschaft, dem Surfen, nachgehen - und wenn es drei Tage in Folge regnet, kann er kurzfristig in einem Restaurant anheuern und die Gäste kulinarisch verwöhnen und parallel dazu seine Geldbörse pekuniär beglücken. Früher war ein solches Beispiel eher eine Ausnahme, heute wird es mehr und mehr zur neuen Norm. Ein Berufsweg ist in der Regel nicht mehr nur an ein einziges Unternehmen oder Organisation gekoppelt. Das ist die Ausnahme. Immer mehr werden flexible Karrieren und flexible Arbeitszeitmodelle gesucht, die an die eigenen Bedürfnisse und die eigene Lebensplanung angepasst sind.

Es ist höchst interessant zu verfolgen, wie diese „Uberisierung des Arbeitsmarktes" sich immer mehr durchsetzt; d.h. Arbeitnehmer und Arbeitgeber treffen sich auf den Plattformen wie dies heute schon bei Mietwohnungen, Stichwort Airbnb, und Autofahrten, Stichwort Uber, gang und gäbe ist. Diesen Prozess der stattfindenden Flexibilisierung im Arbeitsmarkt gilt es also sowohl innerhalb der Unternehmung wie auch in ganzen Märkten und Ökosystemen entsprechend Rechnung zu tragen. Um sich dafür fit zu machen, müssen Unternehmen und Mitarbeitende sich neue Fähigkeiten aneignen, um diese agile Methoden und Vorgehensweisen in der Praxis umzusetzen.

Zusammengefasst kann man festhalten, dass das agile Arbeiten sich heute an vielen Stellen durchsetzt, weil es aus Organisationssicht den Ressourcenfaktor Arbeit variabilisiert und vonseiten des Individuums die kurzfristige Wahlfreiheit maximiert. Voraussetzung dafür ist die Kernkompetenz der Agilität und zwar sowohl in Form einer strukturellen, prozessorientierten und Unternehmenskultur inhärenten Agilität vonseiten des Arbeitgebenden als eben und vor allem auch von Seiten des arbeitnehmenden Individuums. Man kann daher also ohne Übertreibung sagen, dass die Agilität zunehmend zu einer Schlüsselkompetenz wird – sowohl innerhalb der Unternehmen wie auch innerhalb ganzer Arbeitsmärkte. Und hier einen Input zu geben, dass sich

Interessierte einen Überblick über die unterschiedlichen Formen und Perspektiven agilen Arbeitens verschaffen können, ist der Hintergrund für das vorliegende Buch.

Prof. Marco Casanova lic.rer.pol.
Professor am Institute for
Competitiveness and Communication
Fachhochschule Nordwestschweiz FHNW
Olten, Schweiz

Vorwort

„Heutzutage muss alles agil sein", betont mein Freund aus London am Telefon. Er arbeitet seit vielen Jahren als Berater für Unternehmen und Regierungseinrichtungen. Ein neues Wort geistert durch die Welt der Unternehmen. Wer im Internet danach sucht, findet schon heute über 100 Mio. Einträge. Tendenz steigend. Ich bin begeistert über den echten Fortschritt in Leistung und Motivation, den das agile Arbeiten in der Praxis bringt. Auf der anderen Seite musste ich viele unterschiedliche Artikel und dicke Bücher lesen und mit Kolleginnen und Kollegen wie auch Beratern über Jahre arbeiten, um die Praxistauglichkeit des agilen Arbeitens wirklich zu verstehen und anwenden zu können. Viele Informationen und Praxisbeispiele waren verfügbar, aber alles war sehr verteilt. Eigene Erfahrungen zu sammeln, war noch wichtiger.

Ich fragte mich: „Was wäre, wenn...es einen einfachen Einstieg in das Thema aus Sicht der Praxis gibt?". Es wäre optimal, um eine wirklich gute Basis für Zusammenarbeit und die Weiterentwicklung des agilen Arbeitens in meinem eigenen Umfeld voranzutreiben. Wäre das nicht auch spannend für andere? Schließlich war ich darauf angewiesen, dass Kolleginnen und Kollegen wie Kunden und Lieferanten auch Teil der agilen Arbeitswelt werden. So begann meine eigene Reise, die Welt der Agilität aufzuarbeiten, fassbar zu machen und sprechende Beispiele aus der Praxis zu finden.

Für mehr Agilität sprechen viele Gründe – dieses Buch erzählt in kurzer und knapper Form davon.

Hand aufs Herz: Bestimmt haben Sie das Wort *agil* schon einmal gehört und darüber gelesen, aber haben Sie sich selbst die Zeit genommen, um zu verstehen, was genau damit gemeint ist und welche Bedeutung es für Sie selbst haben könnte? Dieses Buch ist ein Einstieg in agiles Arbeiten. Die wesentlichen Fachbegriffe werden erklärt und zentrale Fragestellungen zur Umsetzung beantwortet. Zusätzlich geben Stories dem Thema ein sprechendes Gesicht. Im Kern geht es um die Frage, wie Unternehmen besser arbeiten und mehr Werte schaffen in einer Welt, die sich immer schneller dreht und scheinbar immer komplexer wird. In diesem Sinne gehört agiles Arbeiten in den Kontext des Performance Managements. Einige Aspekte werden Ihnen bekannt vorkommen, denn wie Unternehmen, Führungskräfte und Teams leistungsfähig werden und bleiben, ist keine neue Fragestellung. Dennoch hat sich der Kontext und die Geschwindigkeit so rasant verändert, dass der Begriff Agilität heute für eine neue, moderne Art zu arbeiten steht. Neue Technologien und Geschäftsmodelle bieten zusätzliche Perspektiven und Ansatzpunkte, um Kunden zu begeistern, Wertschöpfungsketten zu verschlanken und Investoren anzulocken. Gleichzeitig favorisieren Mitarbeiter den Ansatz - vor allem dann, wenn sie dadurch einer über-zogenen Arbeitsteilung und einem industriellen Taylorismus entfliehen können. Mehr noch, viele Bewerber suchen gezielt nach Unternehmen, die agil denken und arbeiten.

Warum macht agiles Arbeiten einen Unterschied? Was steckt dahinter? Wo liegen die Grenzen? Aus Sicht der Praxis werden diese Fragen näher beleuchtet. Konkret werden im ersten Kapitel die Hinter-gründe beleuchtet, die agiles Arbeiten heute so attraktiv machen. Im zweiten Kapitel geht es um den Kunden, um den sich am Ende alles dreht. Im dritten und vierten Kapitel werden die bekanntesten agilen Methoden vorgestellt und die zentrale Bedeutung der Team-arbeit herausgearbeitet. Im fünften Kapitel werden typische Fall-stricke, Grenzen und Missverständnisse im Zusammenhang mit agilem Arbeiten vorgestellt, um darauf aufbauend im nächsten Kapitel zu dis-kutieren, wie man seinen eigenen Weg in die agile Arbeitswelt finden kann. Zum Schluss wagen wir einen Ausblick in die Zukunft agilen Denkens und Arbeitens und fassen die wesentlichen Erkenntnisse noch einmal kurz zusammen.

Die Ausführungen und Gedanken liegen dem europäischen und deutschsprachigen Kulturraum zugrunde. Im angelsächsischen wie auch im asiatischen Kontext würden die Fragen und Antworten vermutlich ein wenig anders ausfallen. Einige Begriffe werden im Text bewusst nicht aus dem Englischen ins Deutsche übersetzt und dafür im Glossar näher erläutert. So entsteht an einigen Stellen eine Kombination deutscher und englischer Worte, was der echten Sprache in heutigen Unternehmen entspricht. Dadurch wird der Text kompakter und natür-licher. Obwohl das gesamte Buch im Sinne einer geschlechtergerechten Sprache geschrieben ist, wird aus Gründen der Lesbarkeit weitestgehend auf Doppelkonstruktionen verzichtet. Personen können also immer weiblicher, männlicher oder diverser Natur sein.

Ziel ist es, einen kurzen und attraktiven Einstieg in das faszinierende und facettenreiche Thema Agilität zu geben. Ferner wird darauf ein-gegangen, wie Sie selbst agiles Arbeiten in ihrem Arbeitsumfeld adressieren und gestalten können. Dazu brauchen Sie sowohl eine gute Wissensbasis, konkrete Anknüpfungspunkte sowie ein paar starke Stories. In den folgenden Kapiteln finden Sie das nötige Rüstzeug dafür. Am Ende eines jeden Kapitels findet sich eine Checkliste, um den Inhalt auf das eigene Unternehmen und das eigene Arbeitsumfeld zu übertragen.

Ich wünsche Ihnen viel Spaß beim Lesen und viel Erfolg in Ihrem persönlichen agilen Arbeitsumfeld.

Ingo Gaida

Danksagung

Das vorliegende Buch ist das Ergebnis jahrelanger Arbeitserfahrung aus der Praxis kombiniert mit Wochen der Disziplin und Fokussierung auf das Schreiben. Für die kreative Zeit möchte ich mich besonders bei meiner Familie bedanken, die mir in dieser besonderen Zeit zur Seite stand und mir mit Rat und Tat geholfen hat. Ohne ihr Verständnis, ihre moralische Unterstützung, ihren inhaltlichen Input und vor allem ihre Zeit wäre das Buch nicht entstanden. Mein Dank gilt ferner Friedrich Demmer und Kai-Martin Schröder für das Lesen des Manuskriptes und die konkreten Rückmeldungen und Vorschläge zur Verbesserung. Mein besonderer Dank gilt außerdem Professor Marco Casanova für die übergeordnete Einordnung des Themas im Geleitwort. Zudem bedanke ich mich herzlich beim Springer Gabler Verlag, vor allem bei Mareike Teichmann und Sabine Bernatz, die in pragmatischer Form zum Gelingen des Projektes maßgeblich beigetragen haben.

Inhaltsverzeichnis

Abbildungsverzeichnis

Über den Autor

Ingo Gaida studierte Physik in Hannover und Berlin und war in der Grundlagenforschung in Philadelphia (USA) und Cambridge (UK) tätig. In der Industrie sammelte er in über zwanzig Jahren Erfahrung in der Unternehmens- und Technologie-Entwicklung sowie der Informationstechnologie. Dabei hat er sowohl Themen des Prozess-Managements und des Performance-Managements wie auch der Innovationen und der Digitalisierung in der direkten Praxis kennen und schätzen gelernt. Er hat langjährige Fach- und Führungserfahrung in Geschäftsleitung und unterschiedlichen Linienfunktionen, Erfahrung in der Leitung nationaler und internationaler Teams und Organisationen sowie im Management strategischer Projekte und Programme.

Grundsätzlich ist er an der übergeordneten Frage interessiert, wie Unternehmen Fortschritt generieren, Leistung erbringen und Mitarbeiter motivieren. Bei der Entwicklung von Strategien ist ihm nicht nur die wissenschaftlich-analytische Fundierung wichtig, sondern gleichermaßen die Umsetzung in die Praxis. In den letzten Jahren hat er sich verstärkt mit Themen der digitalen Transformation in der Forschung und Entwicklung sowie dem Innovationsmanagement auseinandergesetzt. Agiles Arbeiten ist fester Bestandteile seiner Arbeitswelt, da es neue Möglichkeiten bietet, mehr Werte zu schaffen in einer Welt, die an vielen Stellen komplexer und schnelllebiger wird.

Im Springer Gabler Verlag sind in Zusammenarbeit mit Matthias Hirzel zusätzlich die Bücher „Performance Management in der Praxis – Die Wettbewerbssituation von Organisationen aufbauen und sichern" und „Prozessmanagement in der Praxis - Wertschöpfungsketten planen, optimieren und erfolgreich steuern" erschienen.

1

Agiles Arbeiten erhöht die Wertschöpfung

Manch einer hat die neue Parole schon einmal gehört: Wir müssen agiler arbeiten! Aber was damit ganz genau gemeint ist und welche neuen Möglichkeiten und Erfolge sich mit agilem Arbeiten in der Praxis erschließen lassen, bleibt oft nebulös. Oder es klingt nach altem Wein in neuen Schläuchen. Das ist unbefriedigend. Die gute Nachricht: Agil denken und arbeiten kann die Leistung, Produktivität und den Spaß an der Arbeit erhöhen. Dabei kommt es darauf an, dass es richtig verstanden und umgesetzt wird. In diesem Kapitel erhalten Sie wichtige Hintergrundinformationen. Sie erfahren, was agil arbeiten im Kern bedeutet, lernen aus Praxis-Beispielen, und erfahren, wie agiles Arbeiten entstanden ist und warum es in der heutigen Zeit von fundamentaler Bedeutung für Unternehmen, Führungskräfte und Mitarbeiter ist.

1.1 Warum agil arbeiten?

Wer im Dictionary sucht, findet als Übersetzung für das englische Wort „agile" die Bedeutung „flink" und „beweglich". Vor dem Hintergrund einer sich schnell wandelnden Welt und signifikanten technischen

Entwicklungen verändern sich Märkte und Wertschöpfungsketten extrem schnell – und auch etablierte Rand- und Rahmenbedingungen sind zunehmend davon betroffen. Neue Handelsbarrieren oder Zollbestimmungen lösen lukrative Geschäftsmodelle von einem Tag auf den anderen in Luft auf. Klimaveränderungen und die sich daraus ergebenden Konsequenzen wie Wassermangel oder extremen Wetterereignisse beeinflussen Logistik wie auch Investitionsentscheidungen. Neue Technologien, von der Robotik über die Biotechnologie bis zur künstlichen Intelligenz, bieten vollkommen neue Möglichkeiten und Perspektiven. Das Neue ist vor allem die Geschwindigkeit der Veränderungen.

Unternehmen fällt es zunehmend schwer, ihre Marktposition mit Hilfe klassischer Methoden und Geschäftsmodelle zu halten und weiterzuentwickeln und den Erfolg strategischer Investitionen über Jahrzehnte vorherzusagen. Deshalb müssen sie neue Arbeitsweisen finden, die Wachstum versprechen und gleichzeitig Risiken und Fehlentwicklungen minimieren. Dabei gilt es, sich flink und beweglich an die Veränderungen anzupassen und diese zum eigenen Vorteil zu nutzen. Diese Erkenntnis ist kurz zusammengefasst die treibende Kraft für die Einführung agilen Arbeitens im Unternehmen [1, 2].

Dafür ist die richtige Einstellung von zentraler Bedeutung sowie neue, moderne Formen der Unternehmensführung [3–5]. Auch wurde der Kundenfokus wiederentdeckt, der mithilfe neuer Plattformen und neuer Geschäftsmodelle ganz anders und viel direkter bedient werden kann [1, 6].

1.2   Was ist agiles Arbeiten?

Was wäre, wenn… Sie ab morgen Leiter des Berichtswesens in der Weltgesundheitsbehörde sind? Ihre Aufgabe ist es, weltweit alle Daten aus allen Ländern der Welt zu sammeln, zu validieren und täglich aktuell der Allgemeinheit zur Verfügung zu stellen. Sie müssen mit allen nationalen Gesundheitsbehörden zusammenarbeiten, einheitliche Datenstandards definieren und mit Experten aus unterschiedlichen Ländern täglich zu Entwicklungen und Ausbreitungen einzelner Krankheiten sprechen. Journalisten und Politiker weltweit nutzen Ihre Daten für Ihre Artikel und auch Influencer in den sozialen Medien greifen gerne auf Ihre Ergebnisse zurück. Zusätzlich sollen Sie mithilfe mathematischer Modelle und künstlicher Intelligenz Prognosen für Länder und Städte erstellen, welche die Entwicklung in den kommenden sieben Tagen vorhersagt. Das gesuchte System für dieses Berichtswesen existiert noch nicht und einige Länder sperren sich aktuell sogar dagegen. Sie selbst haben einige Berufserfahrung, aber einer solchen Komplexität waren Sie bisher nicht ausgesetzt. Ihr Chef mag Sie. Auf der anderen Seite müssen in den kommenden zwei Monaten belastbare Ergebnisse auf dem Tisch liegen. Dann ruft Ihre IT-Abteilung an …

Diese Situation beschreibt, warum agiles Arbeiten als neue Form des Zusammenarbeitens geboren wurde.

> Im Kern steht agiles Arbeiten für die Fähigkeit, sich flexibel, lernend, kreativ und gestalterisch in kürzester Zeit an ein sich veränderndes Umfeld anzupassen.

Agile Unternehmen antworten schnell auf neue Möglichkeiten oder Gefahren, die sich intern oder extern ergeben, z. B. durch Betriebsausfälle, neue Trends, Krisensituationen oder starken Wettbewerb.

Typische Charaktereigenschaften agiler Organisationen sind:

1. **Kundenorientierung:** Anpassung der Produkte und Dienstleistungen an den Bedarf des Kunden. Agile Organisationen wollen Ressourcen, Betrieb und Prozesse an dem tatsächlichen Kundenbedarf anpassen.
2. **Dynamische Teams:** Aufbau und Stärkung gut koordinierter Teams, die zusammen auf Veränderung und Krisen reagieren. Agile Organisationen erreichen dies durch Förderung von Klarheit in der Aufgabenstellung und Verantwortlichkeit sowie durch den Aufbau und die Akzeptanz robuster interner Systeme und Prozesse.
3. **Agile Denkweise:** Scheitern ist Teil des Lernens. Agile Organisationen fördern eine Mentalität und Denkweise des persönlichen Wachsens und Reifens (Growth Mindset).

1.3 Warum agiles Denken und Handeln so wichtig sind

Jede unternehmerische Aktivität, jedes neue Projekt ist eine Investition in die Zukunft. Gleichzeitig hat der Grad an Veränderung und Schnelligkeit in den letzten Jahren so zugenommen, dass der Begriff der **VUCA-Welt** sich weiter etabliert hat. Das Akronym leitet sich aus dem Englischen ab:

V = Volatility (Unbeständigkeit) steht für die Natur, Geschwindigkeit und Dynamik von Veränderungen.

U = Uncertainty (Unsicherheit) steht für die Unsicherheit in Vorhersagen, die Eintrittswahrscheinlichkeit von Unvorhergesehenem und das Verständnis für neue Probleme und Herausforderungen, die heute noch unbekannt sind.

C = Complexity (Komplexität) steht für unterschiedliche Kräfte und Strömungen, Störfaktoren, fehlende oder unbekannte Ursache-Wirkung Beziehungen und die allgemeine Unordnung in existierenden Organisationen.

A = Ambiguity (Mehrdeutigkeit) steht für die Unschärfe in der Wirklichkeit und der Wahrnehmung, die Möglichkeit von Missverständnissen, und die Vermischung unterschiedlicher Handlungen, Ursachen und Aktivitäten.

Die Grundidee ist, dass die Dynamik und Charaktereigenschaften in der VUCA-Welt so anders geworden sind, dass sie neue Strategien und eine neue, erweiterte Art zu denken und zu arbeiten erfordert. Entsprechend wurden gleichzeitig die Schwerpunkte für ein erfolgreiches Leben und Arbeiten in der VUCA-Welt analog abgekürzt, nämlich mit Vision (Vision), Understanding (Verstehen), Clarity (Klarheit) und Agility (Agilität).

Im europäischen Kulturkreis muss man an dieser Stelle den Unterschied zwischen komplizierten und komplexen Problemstellungen erklären.

Die Umlaufbahnen eines Systems bestehend aus drei Planeten können bis heute nicht exakt berechnet werden. Dieses sogenannte Dreikörperproblem wird allein durch drei Planeten unterschiedlicher Masse und die Newtonschen Gesetze beschrieben. Bisher sind nur numerische Lösungen bekannt. Das Problem ist kompliziert, aber nicht komplex.

Komplexität bezeichnet das Verhalten von Systemen, die aus vielen Komponenten bestehen, die auf unterschiedliche Weise direkt oder indirekt miteinander interagieren. Solche Systeme können in der Regel nicht vorhergesagt werden. Die Frage, wie sich beispielsweise die Mitarbeitermotivation auf den Gewinn eines Unternehmens auswirkt, ist komplexer Natur.

Die Begriffswelt rund um VUCA entstand ursprünglich am United States Army War College und wurde eingeführt, um die multilaterale Welt nach dem Ende des Kalten Krieges besser zu beschreiben. Später wurde der Begriff auf andere Bereiche der strategischen Führung und Organisationen ausgedehnt, bis hin zum Bildungswesen und der Wirtschaft. Im Kern geht es um den Kontext, in dem Organisationen ihre aktuelle und zukünftige Position einschätzen. Die Begriffe stehen für die Grenzen und Randbedingungen in der Planung, in der Führung und im Management in einer Welt, die sich schnell ändert und wandelt.

Auf den Einzelnen bezogen geht es darum, dass die wachsende Komplexität in der Welt von heute und morgen dazu führt, dass etablierte Organisations- und Arbeitsmodelle jetzt nicht mehr gut funktionieren und durch neue, agilere Methoden, Strukturen, Prozesse und Denkweisen abgelöst werden. Unternehmen müssen sich heute mehr denn je um sehr viele unterschiedliche Themen in kürzesten Zeitabständen kümmern (Abb. 1.1). Die alte Binsenweisheit von Milton Friedman „The Business of Business is Business" gilt zwar immer noch, aber es kommen immer neue Themen und Fragestellungen hinzu, die Teil des Business werden und um die sich das Business kümmern muss. Gleichzeitig erhöht sich die Transparenz von Unternehmen und ihren Aktivitäten in der Öffentlichkeit.

Die Dynamik und Transparenz führen dazu, dass traditionelle Wertschöpfungsketten und Unternehmensformen zunehmend infrage gestellt und strategisch neu positioniert werden. Dabei werden

Abb. 1.1 Unterschiedliche Herausforderungen von Unternehmen

traditionelle Organisationen sowie klassische Arbeitsteilung und der Taylorismus mehr und mehr unter die Lupe genommen, da neue Technologien zu einem deutlich höheren Automatisierungsgrad führen. Einfache, mechanische Arbeiten können zum Beispiel zu einem sehr großen Anteil von Maschinen übernommen werden, während Menschen in einem komplexeren Arbeitsumfeld anders aktiv und wertschöpfend werden müssen, die wiederum nicht so schnell von Robotern übernommen werden können. Traditionelle Unternehmensformen kommen so in der Praxis an ihre Grenzen und müssen oft neu gedacht werden.

Die Argumentation ist wie folgt: Angelehnt an die Organisationsformen und Strukturen aus der römischen Kriegsführung und dem Ständedenken aus dem Mittelalter werden Teams in der Größenordnung von zwölf organisiert. Dieser **Span of Control** hat sich über die Zeit als effizient herausgestellt, d. h. bei einer reduzierten Organisationsgröße wird der Leiter der Einheit unter Umständen unterfordert, bei einer größeren überfordert. In der Praxis ist diese Faustformel natürlich ein wenig abhängig vom Arbeitsinhalt, d. h. in Logistikeinheiten mit standardisierten Arbeiten kann der Span of Control etwas größer ausfallen, während er zum Beispiel in einem Beratungsunternehmen kleiner sein kann. Im klassischen Modell rechnen wir weiter mit der biblischen Einheit von $n = 12$, die auf jeder Ebene gilt. Jede eigenständige Organisationseinheit hat also im Schnitt zwölf Mitarbeiter. Es folgt, dass in einem Unternehmen bestehend aus drei Ebenen insgesamt $N(n) = 12 \times 12 \times 12 = 1728$ Mitarbeiter arbeiten (siehe Tab. 1.1).

Entsprechend der traditionellen Befehl-Gehorsam Kultur soll in erster Linie **innerhalb** der eigenen Einheit kommuniziert und gearbeitet werden. Jeder Mitarbeiter arbeitet also intensiv mit seinen direkten Kollegen zusammen. Jeder Mitarbeiter kann also $n - 1$ Interaktionen innerhalb einer Einheit haben. Aus Sicht des Leiters gibt es pro Einheit $n(n - 1)/2$ Schnittstellen in der Einheit, wenn jeder mit jedem frei kommunizieren und zusammenarbeiten kann. Wenn die Einheit also 12 Mitarbeiter hat, dann ergeben sich 66 Schnittstellen innerhalb der Einheit. Zusätzlich hat jeder Mitarbeiter die Interaktion mit seinem Leiter, der dann auch die Schnittstelle zu anderen Bereichen darstellt, d. h. es findet in diesem Modell keine direkte Zusammenarbeit zwischen Mitgliedern aus unterschiedlichen Einheiten statt. In Summe ergibt sich damit für eine Organisationseinheit die Formel $n(n + 1)/2$ für die Anzahl der Schnittstellen. Eine Einheit von 12 Mitarbeitern besitzt folglich 78 Schnittstellen. Der Leiter einer solchen Einheit hat doppelt so viele Wege zu pflegen, da er selbst auch Teil einer Einheit ist. Für ihn ergeben sich $n(n + 1)$ Möglichkeiten der direkten Interaktion. Eine solche Organisation und Kultur werden oft hierarchisch genannt (siehe Abb. 1.2). Sie sind tief verwurzelt im europäischen Kulturraum und gehen einher mit Bauernregeln wie „Gehe nur zum Fürst, wenn du gerufen wirst" oder ähnlichem.

Die Macht dieses traditionellen Organisationsdesigns liegt sowohl in seiner Einfachheit wie auch in der Rolle der Leitungsfunktionen,

Tab. 1.1 Anzahl Mitarbeiter und Schnittstellen pro Organisationsebene

Ebene (N)	1	2	3	4	5
Mitarbeiter N(n)	12	144	1728	20.736	248.832
n(n + 1)/2	78	10.440	>1 Mio.	>200 Mio.	>3 Mrd.

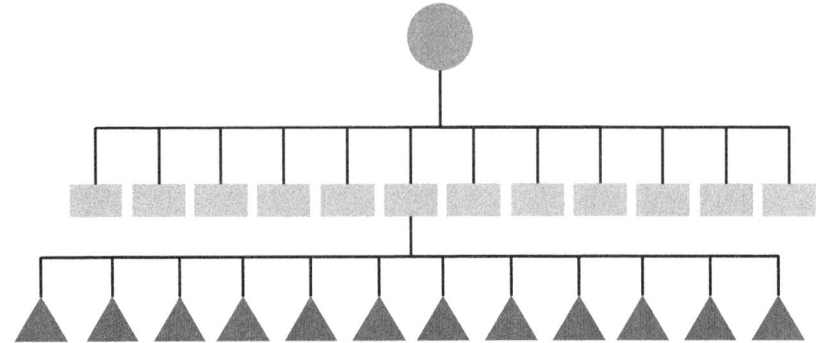

Abb. 1.2 Traditionelle Organisation mit zwei Ebenen

die eine zentrale Schnittstelle zwischen den unterschiedlichen Einheiten darstellen. In komplexen, rasant agierenden Märkten und Wertschöpfungsketten werden diese Funktionen schnell zum Flaschenhals und manchmal auch zur Lähmschicht, da sie nicht schnell genug oder nicht fundiert genug entscheiden oder kommunizieren können.

Auf der anderen Seite kann eine solche Organisation eine flexiblere Kultur etablieren, wenn jeder Mitarbeiter sich frei in der Organisation bewegen kann. So können Arbeitsbeziehungen und Projektorganisationen entstehen, die nach der Formel n(n + 1)/2 für die Gesamtorganisation und nicht nur für die eigene Einheit skaliert (siehe Tab. 1.1). Es zeigt sich dann allerdings schnell, dass eine Philosophie der offenen Zusammenarbeit jenseits von Organisationsstrukturen in großen Unternehmen an seine Grenzen stößt. Die möglichen Arbeitsbeziehungen untereinander sprengen in diesem theoretischen Modell im wahrsten Sinne das Menschenmögliche. Das birgt die Gefahr, dass die Menschen stark mit dem Aufbau und der Pflege von Beziehungen beschäftigt sind und trotzdem nicht den Spezialisten finden, den sie gerade für ihr spezielles Projekt benötigen. Zur Lösung dieses Dilemmas werden deshalb oft Unterstrukturen gebildet; zum Beispiel werden eigenständige Geschäftseinheiten – **Business Units, Global Operations, Start-Ups** oder **Micro-Entities** – gegründet oder eine Mischung aus hierarchischer und agiler Organisation eingeführt.

Entsprechende **Matrix- oder Holdingstrukturen** helfen den Unternehmen, die Vorteile der beiden Modelle zu nutzen.

Die Erfolgsgeschichte der traditionellen Unternehmensformen und der Effizienzsteigerung durch Arbeitsteilung und Taylorismus wird weitergehen. Dabei ist zu erwarten, dass einfache, sich wiederholende manuelle Tätigkeiten, wie sie Charlie Chaplin schon 1936 in seinem Film „Moderne Zeiten" humorvoll adressiert hat, in Zukunft nicht durch Menschen, sondern durch Maschinen und digitale Technologien erledigt werden. In diesem Zusammenhang spricht man von einem zweiten Maschinenzeitalter [7, 8], welches schon viele Veränderungen für Unternehmen wie Kunden gebracht hat. Weitere werden folgen.

> **Taylorismus** wurde nach dem US-Amerikaner Frederick Winslow Taylor benannt. Im Sinne einer wissenschaftlichen Methode analysierte Taylor manuelle Arbeitsabläufe aus der Industrie und suchte dabei den optimalen Weg, diese Arbeiten durchzuführen. Dabei wurden Arbeitsabläufe ins kleinste Detail zerlegt und in Zeit und Ablauf optimiert. Der Einsatz von Werkzeugen oder logistischen Fragestellungen wurde berücksichtigt, sodass am Ende der beste Prozess als Ergebnis einer wissenschaftlichen Methode stand. Unter Umständen wurden neue Werkzeuge entwickelt, die perfekt zu der durchzuführenden Arbeit passen. Wegen seines strengen methodischen Ansatzes wurde dieses Vorgehen auch als **Scientific Management** bezeichnet. Es führte unter anderem zu **Arbeitsteilung**, d. h. Mitarbeiter arbeiteten zum Beispiel den ganzen Tag nur an einer Maschine und wiederholten einen speziellen Arbeitsablauf immer und immer wieder. Im Laufe der Zeit wurde immer wieder Kritik an der Methode laut, in dem der Mitarbeiter wie das Rad einer großen Maschine betrachtet wurde, sodass Taylorismus heute in der Regel eine negative Bedeutung besitzt.

Mithilfe neuer digitaler Technologien und Geschäftsmodelle verändert sich zum Beispiel die Welt der Taxi-Unternehmen und Hotelketten rasant. Für die etablierten Unternehmen und ihre Mitarbeiter steht die bekannte Welt quasi auf dem Kopf. Kunden nutzen digitale Plattformen für ihre Urlaubsplanung und wohnen zum Teil in Privatwohnungen, während die Hotels leer stehen. Business Pläne und

Investitionen von Hotelketten oder Autovermietungen können nicht mehr so umgesetzt werden wie in der Vergangenheit. Zu ungewiss ist die Geschäftsplanung für die kommenden Monate. Kunden sind nicht mehr auf die klassischen Reisebüros angewiesen und kümmern sich über die virtuelle Welt selbst. Das erhöht zwar die Komplexität der Kundenwelt, aber dafür haben sie selbst alles in der Hand und können ihre optimale Reise selbst gestalten – und es reduziert in der Regel die Gesamtkosten. Die Betreiber der digitalen Plattformen bauen dabei im Hintergrund eine direkte Kundenbeziehung auf, die sich an den Wünschen und Bedürfnissen der Kunden orientiert. Um diese zu ermitteln, werden Daten systematisch erhoben und ausgewertet.

Ein anderes Beispiel: Banken verlagern ihr klassisches Geschäft mehr und mehr auf die Kunden und etablieren Home-Banking, sodass am Ende der Kunde komplexe Prozesse direkt bedienen kann, während der klassische Kundenbetreuer und später die Bankfiliale vor Ort unnötig wird. Die Home-Banking Fähigkeiten und die nötige Infrastruktur wie Computer und Netzwerk zu Hause müssen vom Kunden aufgebaut werden. Das erhöht die Komplexität und die Kosten auf der Kundenseite. Die Banken bauen dabei über ihre digitalen Plattformen eine direkte Beziehung zu den Kunden auf, die sich an der finanziellen Situation und den Wünschen der Kunden orientiert. Auch dabei werden Daten systematisch erhoben und ausgewertet. Und neue Angebote können gezielt getestet und auf den Kunden zugeschnitten werden.

Die Beispiele zeigen, wie sich Arbeitsprozesse in die digitale Welt verschieben und Daten eine zentrale Rolle einnehmen, um Kunden noch besser und gezielter bedienen zu können. Für unsere Diskussion wollen wir im Folgenden das eher enge Verständnis von Digitalisierung nutzen, das auf die ursprüngliche Philosophie zurückgeht, analoge Daten und Informationen in digitale zu überführen. Nicholas Negroponte vom Media Lab des **Massachusetts Institute of Technology** (MIT) war einer der Pioniere der Digitalisierung [9]. Negroponte nutzt dieses enge Verständnis zur Abgrenzung der analogen von der digitalen Welt, in dem er den Unterschied zwischen Atomen und Bits in den Vordergrund stellt (Abb. 1.3). Ein Bit hat keine Farbe, kein Gewicht, keine Größe und es kann mit Lichtgeschwindigkeit transportiert werden. Es

**Die analoge Welt ist aus
Atomen aufgebaut**

**Die digitale Welt ist aus
Bits aufgebaut**

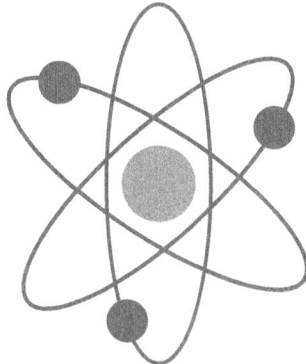

0 1 0 0 1 1 0 0 1 1

Abb. 1.3 Aufbau der analogen und digitalen Welt aus Atomen und Bits

kann die beiden Werte 0 und 1 annehmen und repräsentiert quasi die kleinste Einheit im digitalen Universum, während die analoge Welt aus Atomen und ihren Verbindungen besteht.

Aus Bits werden in dieser Analogie alle Elemente der digitalen Welt aufgebaut. Eine wichtige Eigenschaft von Bits ist, dass sie leicht repliziert, also kopiert und damit wiederverwendet werden können. Unter Digitalisierung versteht man primär die Transformation von analogen Objekten in digitale Formate. Typische Anwendungsgebiete betreffen Texte, Bilder, Filme und Sprache. Mittlerweile finden sich viele unterschiedliche Anwendungen in der Produktionstechnik, im Gesundheitswesen, in der Logistik sowie der Landwirtschaft und dem Bildungswesen. Die Anwendungsmöglichkeiten sind vielfältig und können auch mit einer positiven Wirkung in Richtung Klimaschutz und Nachhaltigkeit eingesetzt werden.

Beispiel Patientenaufklärung

Im Rahmen einer Pandemie wird ein Impfstoff entwickelt. Die Bevölkerung wird aufgerufen, sich freiwillig impfen zu lassen. Von 80 Mio. Einwohnern folgen 60 Mio. dem Aufruf. Im Rahmen der Impfung müssen fünf Seiten ausgeduckt und ausgefüllt werden, in denen die Patienten informiert werden und durch ihre Unterschrift entsprechend ihr Einverständnis geben. Die medizinische Impfung wird also durch einen analogen Administrationsprozess begleitet. Bei 60 Mio. Patienten werden somit 300 Mio. Seiten produziert, die in Arztpraxen verarbeitet und archiviert werden. Aus einem einzigen Baum können ungefähr 8500 Blätter produziert werden, d. h. ungefähr 35.000 Bäume fallen der Administration des Impfprozesses zum Opfer. Bei 1000 Bäumen pro Hektar eines Nutzforstes werden deshalb ungefähr 35 ha Wald gerodet. Eine zweite Impfung im gleichen Prozess erfordert zusätzliche 35 ha Wald. Unter der Annahme, dass 500 Seiten Papier vier Euro kosten, ergeben sich Gesamtkosten von 2,4 Mio. € für Papier, das am Ende der Impfaktion entsorgt wird. Die relevanten Daten werden am Ende via Scanner digitalisiert und gespeichert. Was wäre, wenn … der gesamte Prozess digital abläuft?

Der Fortschritt durch Nutzung digitaler Technologien und Plattformen ist zu einem großen Teil signifikant. Das stellt Menschen wie Unternehmen vor ganz neue Herausforderungen. Dabei spielen Kompetenzen der Mitarbeiter und Führungskräfte, die technische Ausrüstung und Infrastruktur sowie die Gesetzgebung und der Datenschutz eine wichtige Rolle. Sie können Wachstumstreiber sein oder zu Barrieren werden.

Ein historisches Beispiel einer solchen Transformation erlebt die Automobilindustrie mit dem Übergang von analogen Verbrennungsmotor hin zum Elektromotor. Technisch gesehen reduziert sich dabei die Komplexität signifikant. Ein Elektromotor hat über 80 % weniger Teile als ein Verbrennungsmotor. Das ist ein deutlicher Vorteil – auch im Vergleich zum Wasserstoffauto. Der Schritt hin zum Elektroauto verändert darüber hinaus schrittweise die gesamte Industrie. Tankstellen müssen schnelle Ladestationen anbieten und müssen sich dem Wettbewerb mit Bauingenieuren und Energieversorgern stellen, die Häuser mit Ladestationen ausrüsten. Warum soll ein Kunde zum Tanken fahren, wenn er das bequem zu Hause erledigen kann – im Schlaf sozusagen. Autohäuser müssen umdenken, wenn die klassische Inspektion zu einem Software-Update mutiert. Autofahrer müssen wie beim Home-Banking investieren, wenn sie die vielen Möglichkeiten der Elektromobilität nutzen wollen. Und in entsprechender Analogie werden Autohersteller zu Mobilitätsanbietern, die eine viel direktere

Kundenbeziehung aufbauen und pflegen. Mehr noch, am Horizont zeichnet sich ab, dass durch autonomes Fahren ganz neue Kundengruppen erschlossen werden, wenn beispielsweise Kinder im wahrsten Sinne des Wortes vom Auto zur Musikschule oder zum Handballspiel gefahren werden. Warum sollen Eltern Chauffeur für ihre Kinder spielen, wenn das Auto selber fahren kann – und das sogar viel sicherer.

Die Technologien ermöglichen diese Transformation und bringen den Stein ins Rollen. Andere Industrien erleben ähnliche Veränderungen.

Es sei an dieser Stelle kurz erwähnt, dass die digitale Welt in den kommenden Jahren einen weiteren Quantensprung machen wird, wenn Bits durch die Qubits aus dem Bereich der Quantencomputer abgelöst werden. Während die heutigen Computer auf den Gesetzen der Elektrodynamik basieren und N Bits entsprechend N Zustände darstellen können, so basieren Quantencomputer auf den Gesetzen der Quantenmechanik und können 2^N Zustände einnehmen. Es folgt, dass zum Beispiel 4 Qubits so viele Zustände beschreiben können wie 16 Bits (vgl. Tab. 1.2). Damit steigt die Leistungsfähigkeit der digitalen Welt noch einmal deutlich.

Ein fundamentaler Aspekt der Digitalisierung besteht in der Möglichkeit, Bits und damit Informationen mit Lichtgeschwindigkeit, d. h. mit ca. 300.000 km/s, transportieren zu können. Damit können Daten quasi in Echtzeit an jedem Ort der Welt gespeichert, genutzt und ausgewertet werden, wenn sie erst einmal in digitaler Form vorliegen.

Die Konsequenz: Die neuen, oft digitalen Technologien und Geschäftsmodelle verdrängen oder verändern etablierte Industrien. Robotik, Sensorik, Digital Twins, Big Data und künstliche Intelligenz

Tab. 1.2 Qubits vs. Bits

2^N	N
2 Qubits	4 Bits
4 Qubits	8 Bits
5 Qubits	16 Bits
10 Qubits	1024 Bits
20 Qubits	>1 Mio. Bits
30 Qubits	>1 Mrd. Bits

sowie globale Plattformen und Services führen zu vollkommen neuen Produkten und Dienstleistungen. Gleichzeitig muss eine neue Infrastruktur für die digitale Welt geschaffen werden. In diesem Zusammenhang wurde der Begriff **Industrie 4.0** geprägt, der vor allem auf eine umfassende Digitalisierung in der industriellen Produktion angewendet wird [10]. Ziel ist es, die existierende Produktion mit modernen digitalen Technologien auszurüsten, sodass eine neue Form der Zusammenarbeit zwischen Menschen und Maschinen in Echtzeit entsteht. Menschen, Maschinen, Anlagen, Logistik, Versorgung und Produkte kommunizieren und kooperieren miteinander entlang der gesamten Wertschöpfungskette, die ständig angepasst, optimiert und weiterentwickelt wird.

Dabei wird immer wieder versucht, eine möglichst direkte Verbindung zu den Kunden aufzubauen, damit die Veränderung der Anforderungen und Vorlieben der Kunden möglichst schnell verstanden werden und in der Entwicklung und Produktion auch schnell berücksichtigt werden. Es geht also um die schnelle und gezielte Anpassung der Wertschöpfungsketten an den Bedarf der Kunden.

> In der VUCA Welt bauen Unternehmen eine direkte Verbindung zu ihren Kunden auf und passen sich an neue Anforderungen gezielt und schnell an.

Durch die Digitalisierung verändern sich die Arbeitsplätze von heute. Manche verschwinden sogar ganz, andere entstehen ganz neu. In solchen Zeiten des Umbruchs gibt es nur bedingt Orientierung und Sicherheit. Das ist auch ein Grund, warum agiles Arbeiten immer wichtiger wird, denn dadurch wird die Fähigkeit von Menschen und Unternehmen gestärkt, in Zeiten der Veränderung die nötige Selbststeuerung, emotionale Intelligenz und Anpassungsfähigkeit zu entwickeln, die es braucht. Diese Fähigkeit wird **Resilienz** genannt.

Hidden Champions, also kleine und mittelständische Unternehmen, die es in ihrem fokussierten Geschäft zur Weltspitze geschafft haben, sind geradezu geschaffen für agiles Arbeiten. Da diese Unternehmen eine hohe **Fertigungstiefe** besitzen, innovativ sein müssen sowie eine enge und vertrauensvolle Zusammenarbeit im Team und

Gesamtunternehmen pflegen, haben sie ein großes Interesse, ihre Wertschöpfung nah am Kunden zu steigern und so weitere Wettbewerbsvorteile zu generieren.

Beispiel Hidden Champion

Die Firma **Biontech** wurde 2008 auf Basis langjähriger Forschungsarbeiten im Bereich biopharmazeutischer Technologien in Mainz gegründet. Die Firma hat sich vor allem auf die Entwicklung und Produktion von Immuntherapien zur Behandlung von Krebs spezialisiert. Dabei setzten sie gezielt auf Medikamente auf Basis der mRNA (engl. Abkürzung für „messenger ribonucleic acid"). Mit Ausbruch einer weltweiten Pandemie aufgrund des humanen Coronavirus SARS-COV-2 nutzte das Unternehmen bestehende Technologien und seine Agilität, um einen gut verträglichen und potenten Impfstoff gegen das Virus zu entwickeln. Mithilfe des Projektes „Lightspeed" (engl. Lichtgeschwindigkeit) konnte das Unternehmen in kürzester Zeit einen Impfstoff entwickeln und mit den Partnern Pfizer und Fosun Pharma weltweit zur Verfügung stellen. Die Anpassungsfähigkeit des Unternehmens und damit verbundene Schnelligkeit (Time-to-Market) war nicht nur für das Unternehmen der Schlüssel zum Erfolg, sondern auch für die globale Welt von zentraler Bedeutung, um ein wirksames Mittel gegen die Pandemie nutzen zu können.

1.4   Dynamische Teams ersetzen klassische Organisationen

Netzwerke und dynamische Teams spielen in einem komplexen und sich dynamisch ändernden Umfeld eine entscheidende Rolle. Über ein extremes Beispiel dazu berichtete der ehemaliger General McChrystal [11]. Als die amerikanischen Einsatzkräfte 2003 im Irak gegen schlecht ausgebildete und schlecht bewaffnete Extremisten kämpften, waren sie nach der traditionellen Lehre haushoch überlegen. Die Extremisten waren nicht nur schlecht ausgebildet und bewaffnet, hatten keinen vollständigen Überblick über die Lage oder Zugang zu Informationen, sondern benötigten darüber hinaus noch persönliche Treffen zur Abstimmung und arbeiteten mit handgeschriebenen Briefen und Befehlen. Dennoch verloren die US-Einsatzkräfte immer und immer wieder. Für McChrystal lag das Problem nicht in der Leistung der einzelnen Teams, sondern in der ganzheitlichen Zusammenarbeit der Teams. Der Informationsfluss und die Abstimmung der Teams untereinander dauerten zu lange. Die Lösung lag in der Weiterentwicklung hin zu einem Netzwerk, das Informationen offen miteinander teilte und dessen einzelne Bestandteile in einem definierten Rahmen eigenverantwortlich entschieden und handelten. So wurde aus einer autoritätsbasierten Pyramide ein kompetenz-basiertes Netzwerk, das viel besser geeignet war, mit den dauernden Veränderungen und Störeffekten fertig zu werden.

Auch in der Geschäftswelt hat die Komplexität und Geschwindigkeit rasant zugenommen, sodass neue Führungs- und Geschäftsmodelle von entscheidender Bedeutung sind.

> **Beispiel Spotify**
>
> Die Firma **Spotify** ist für die erfolgreiche Etablierung dynamischer Teams und neuer Kollaborationsmodelle bekannt. Dabei wird den einzelnen Teams (Squads, Chapters) auf Basis einer Strategie inkl. bekannter Prioritäten und einer Mission höchst mögliche Autonomie gegeben. So entsteht nicht nur eine hohe Dynamik und Geschwindigkeit in der Umsetzung, sondern auch eine höhere Motivation bei den Mitarbeitern[12, 13].

Das **Fraunhofer Institut für Produktionstechnik und Automatisierung IPA** schätzt, dass sich in agilen, mittelständischen Organisationen die Time-to-Market um den Faktor zwei reduzieren lässt, während die Mitarbeiterzufriedenheit um einen Faktor zwei verbessert werden kann. Zusätzlich wird eine fünfmal höhere Rendite in Aussicht gestellt [2].

> Agiles Arbeiten stärkt externe Leistungsindikatoren wie Time-to-Market und interne Faktoren wie Mitarbeiterzufriedenheit.

Agiles Arbeiten lässt sich als Weiterentwicklung etablierter Prozesse, Strukturen und Geschäftsmodelle hinein in eine komplexere Welt interpretieren. Entsprechend lassen sich Geschäfte in einem agilen Portfolio darstellen (Abb. 1.4). Dabei können Geschäfte und Unternehmen

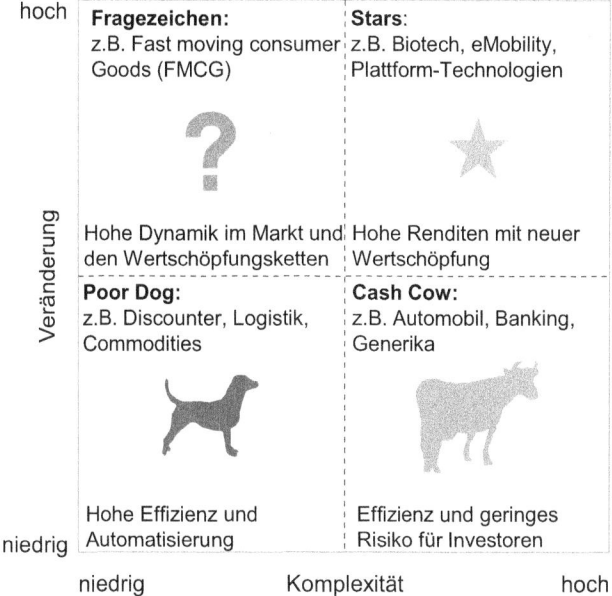

Abb. 1.4 Agiles Portfolio

mit klassischen Geschäftsmodellen in einem Markt mit geringen bzw. moderaten Veränderungen weiterhin erfolgreich sein, während Unternehmen, die mit großen Marktveränderungen konfrontiert werden, mit agilen Fähigkeiten erfolgreicher sind. Das liegt daran, dass sie sich schneller anpassen und die Veränderungen gezielt zu ihrem Vorteil nutzen können. Dies gilt umso mehr, wenn die Produkte und Dienstleistungen komplexer Natur sind.

In der Innensicht zeigt sich, dass eine hohe Autonomie der Mitarbeiter in der Regel zu einer höheren Leistung und zu mehr Geschwindigkeit in der Umsetzung führen. Daraus kann eine höhere Mitarbeiterzufriedenheit resultieren. Das wäre als eine Auswirkung agilen Arbeitens zu betrachten. Es ist aber nicht der primäre Fokus, der weiterhin auf dem Erreichen der Geschäftsziele liegt. Andererseits verändert sich in der agilen Welt die Erwartung an die Führung, die zugehörige Führungsverantwortung sowie die Kompetenzen in den Teams. Dies ist ein entscheidender Aspekt. So wird in der Praxis zum Beispiel darauf geachtet, dass operative Entscheidungen und die Umsetzung in den Händen derjenigen Teams liegen, die vor allem mit den Folgen leben müssen.

> Agiles Arbeiten verändert das Verständnis und die Anforderungen an Führung sowie die Kommunikation untereinander.

Hierarchische Berichtsstrukturen werden durch agile Kommunikations- und Abstimmungsprozesse abgelöst. Vor allem in traditionellen Strukturen, z. B. in Konzernen oder Behörden, kann diese neue Entwicklung zu signifikanten Hürden und Barrieren bei der Einführung von mehr Agilität führen.

Wichtig ist, möglichst viele Bereiche eines Unternehmens auf agiles Arbeiten umzustellen, damit am Ende nicht nur einige wenige Teams, sondern viele Bereiche der Gesamtorganisation agil arbeiten und so die Steigerung der Leistung spürbar und messbar wird. Nur dann bietet agiles Arbeiten die Möglichkeit von echten Wettbewerbsvorteilen und Wirksamkeit in immer komplexeren Strukturen.

Es kann dabei von entscheidender Bedeutung sein, das mittlere Management zu überzeugen, damit dieses die weitere Umsetzung nicht blockiert oder boykottiert, sondern im Gegenteil eine aktive Rolle in der Veränderung wahrnimmt.

Für viele Unternehmen ist oder wird die Umstellung auf agiles Arbeiten notwendig, da sowohl der Finanzmarkt, d. h. Investoren, wie auch die Mitarbeiter agiles Denken und Arbeiten gezielt suchen und erwarten.

1.5 Agile Teams handeln unternehmerisch

Da die Welt immer spezieller und Lösungen immer komplexer werden, bildet das agile Arbeiten einen Gegenpol. So muss nicht immer sofort eine Doktorarbeit geschrieben und gelesen werden, wenn eine neue Strategie oder ein neues Produkt entwickelt wird.

> Die agile Welt ist direkt, kurz und knapp. Sie zielt auf erfolgreiche Umsetzung, Ergebnisse und Wertschöpfung.

Die Rolle der Führung ist dabei zu inspirieren und nicht alle Details zu wissen oder gar zu kommunizieren. Dabei werden die drei Grundfragen nach dem Warum? Wie? und Was? beantwortet [14, 15].

1.	Warum existiert unser Unternehmen?	**Purpose**
2.	Wie schaffen wir Werte für unsere Kunden?	**Value Proposition**
3.	Was sind unsere Leistungen für die Kunden?	**Angebot**

Die Antworten auf diese drei Grundfragen ergeben eine Art Koordinatensystem, in dem sich die Mitarbeiter und Manager frei bewegen können. Desto klarer und spezieller die Antwort ausfällt, desto mehr differenziert sich ein Unternehmen im Markt. Gleichzeitig gilt es, den Antworten Taten folgen zu lassen, d. h. die Antwort auf die Frage nach dem Warum? ist gleichzeitig ein Versprechen an Mitarbeiter, Kunden und Stakeholder. Dieses Versprechen muss eingehalten werden und wird typischerweise an die Positionierung der **Unternehmensmarke** gekoppelt [14, 16]. So wird Mitarbeitern, Führungskräften und Kunden ein Sinn vermittelt, welche die Unternehmensmarke auch ausstrahlt.

Beispiel Markenwerte

Der Bereich sollte organisatorisch neu aufgestellt werden. Agiles Arbeiten sollte durch die Organisation in deutlich kleineren Strukturen forciert werden. Dafür wurden Business Units in Form von Global Operations und Micro-Entities neu aufgestellt. Im Rahmen des Change-Managements sollten Workshops organisiert werden, in denen den Mitarbeitern die Ziele der neuen Organisation und die Logik der anstehenden Veränderung erklärt werden. Die Hoffnungen des Top-Managements waren groß, dass die neuen Strukturen zu größerer Schnelligkeit und Durchlässigkeit führen. Auf der anderen Seite jagte seit über zehn Jahren eine neue Organisation die andere. Deshalb war mit großen Widerständen und viel Kopfschütteln seitens der Mannschaft zu rechnen. Das Leadership Team entschloss sich, am Anfang der Workshops einen Schritt zurück zu gehen und die Entwicklung des Unternehmens und der Industrie über die letzten Jahre zu zeigen, um dann die neue Philosophie der Unter-

> nehmensmarke in den Fokus zu rücken. Für die Mitarbeiter war diese Umsetzungsform und das zugehörige Storytelling sehr hilfreich, denn ihre eigene Reise im Unternehmen wurde ihnen vor Augen geführt. Die Story war authentisch. Das Feedback fiel positiv aus. Für die Kollegen aus dem Brand Management kam die Anfrage allerdings überraschend. Jetzt mussten sie sich nicht nur um die Kunden und externen Stakeholder kümmern, sondern auch noch die internen Mitarbeiter viel intensiver in die Kommunikation einbinden. Das war neu.

Exzellentes agiles Arbeiten fordert eine Integration der Unternehmensphilosophie und der angestrebten **Reputation** des Unternehmens nach innen. So wird das Unternehmen in die Lage versetzt, auf allen Ebenen der Organisation unternehmerisch zu denken und zu handeln, denn der Gesamtnutzen der Organisation ist klar formuliert. Alle Mitarbeiter des Unternehmens können nun an einem Strang ziehen. Und auch die Kunden wissen, woran sie sind, wenn sie Produkte oder Dienstleistungen des Unternehmens kaufen oder konsumieren.

> Agiles Arbeiten im Unternehmen integriert die Unternehmensmarke und die Unternehmensziele.

Daraus folgt, dass agile Teams sich nicht nur mit innovativen, gerade angesagten Inhalten beschäftigen, sondern sich auch mit klassischen Effizienz- und Prozessthemen und dem Performance-Management auseinandersetzen [17, 18, 23]. In diesem Zusammenhang werden zunehmend die beiden Begriffe Exploitation und Exploration genutzt, um das Spannungsfeld zwischen Effizienz und Innovation deutlich zu machen [8]:

> **Definition**
>
> **Exploitation** (engl. ausbeuten) steht für die Fähigkeit eines Unternehmens in Bezug auf Effizienz und Leistung mit einem starken finanziellen, quantitativen Schwerpunkt.
> **Exploration** (engl. erkunden) steht für die Fähigkeit eines Unternehmens zur Erkundung neuer Geschäftsmodelle und Technologien mit einem quantitativen und qualitativen Schwerpunkt.

Die in einer reifen Industrie agierenden Unternehmensteile agieren zunehmend auf Basis der Exploitation, während neue, oft digitale Unternehmensteile sich auf Exploration konzentrieren. Entsprechend werden Venture Capital Initiativen oder Innovation bzw. Digital Labs gegründet und genutzt, um in einem geschützten Rahmen neue Möglichkeiten auszuprobieren, zu experimentieren. Dabei soll das Kerngeschäft nicht gefährdet werden. Manchmal wird in diesem Zusammenhang argumentiert, dass Funktionen wie der Einkauf oder die Produktion nicht agil sind oder sein sollen. Ein solche Zweiteilung der Unternehmensaktivitäten kann sinnvoll sein, birgt allerdings auch das Risiko, dass die separat positionierten Erkundungseinheiten ihre Erkenntnisse und Erfolge nie oder nur suboptimal ins Kerngeschäft integrieren können und sich langfristig ein Silodenken und ungesunder Wettbewerb im Unternehmen einstellt. Es ist natürlich richtig, dass Funktionen wie der Einkauf oder die Produktion und Logistik qualitätsgesichert und damit standardisiert und hocheffizient im Tagesgeschäft arbeiten müssen. Auf der anderen Seite kann das Projektgeschäft in diesen Bereichen sehr wohl agil aufgesetzt werden.

> Agile Teams können sich in allen Funktionen des Unternehmens um Exploitation wie auch Exploration kümmern.

Das ist sogar empfehlenswert, da in den meisten Fällen der Reifegrad der Prozesswelt schon sehr hoch ist, sodass die zu lösenden Probleme und Herausforderungen zumeist sehr komplexer Natur sind. So muss der Einkauf wie auch die Produktion sich zunehmend um Themen der Nachhaltigkeit kümmern, die oft Experten aus unterschiedlichen Funktionen erfordern. Dabei geht es um sehr unterschiedliche Themen wie Arbeits- und Umweltschutz, Klimaveränderung, Wasserknappheit, erneuerbare Energien, Recycling, Exportkontrolle, etc. Eine agile Projektorganisation kann in diesem Zusammenhang sehr empfehlenswert sein, um Lösungen zu entwickeln, zu testen und schrittweise einzuführen. Diese müssen besser sein, als der existierende Status-Quo.

Die Fähigkeit unternehmerisch sowohl im Bereich der Exploitation wie auch der Exploration erfolgreich zu sein, wird **Ambidextrie** genannt. Die Firma **McKinsey** weist zurecht darauf hin, dass Unternehmen im digitalen Zeitalter lernen müssen, diese Dualität zu meistern [19].

Wir können diesen Gedanken an dieser Stelle noch weiterspinnen und agiles Arbeiten als eine Spielart des Managements komplexer Systeme verstehen, welche den Kern des **St. Galler Management-Modells** ausmacht [20, 21]. Der Ansatz in Kleinsystemen, also zum Beispiel Teams, zu denken und zu handeln, ist in diesem Modell fest verankert und wohl bekannt. Darüber hinaus zielt auch das agile Arbeiten auf **Wirksamkeit** [22]. Das gilt sowohl für Führungskräfte wie auch Teams und ganze Unternehmen. In seiner ursprünglichen oder ersten Form beinhaltete das Modell drei unterschiedliche Ebenen (Abb. 1.5). Die oberste Ebene bildete den Rahmen mit den Normen, Regeln, Prinzipien und den grundsätzlichen Zielsetzungen und dem Zweck des Unternehmens. Die mittlere Ebene steht für Strategie, Geschäftspläne, Organisation und die Ziele. Die dritte Ebene adressiert die operative Umsetzung und das Tagesgeschäft inkl. Mitarbeiterführung, Unternehmensleistung und Prozessumsetzung. Dabei beantwortet die erste Ebene die Frage nach dem Warum?, die zweite Ebene die Fragen nach dem Was? und die dritte Ebene die Frage nach dem Wie?

Natürlich ist das St. Galler Management-Modell mit seinem ganzheitlichen Ansatz deutlich größer und mächtiger als der hier diskutierte

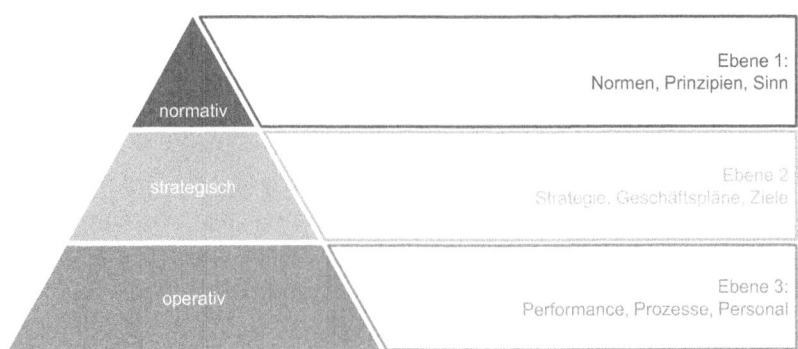

Abb. 1.5 St. Galler Management-Modell

Fokus des agilen Arbeitens, der sich vor allem auf die operative Ebene und Umsetzung bezieht. Zudem hat sich das Modell an die zunehmende Komplexität angepasst und ist heute deutlich differenzierter in seiner konkreten Ausgestaltung. Es ist beruhigend zu sehen, dass agiles Arbeiten als Teil oder Ausschnitt des weltbekannten St. Galler Management Modells verstanden werden kann.

1.6   Zusammenfassung Kapitel 1

Unternehmen sind zunehmend dynamischen Märkten wie auch disruptiven Technologie-Entwicklungen ausgesetzt, die sich in rasanter Geschwindigkeit ausbreiten. Klassische Führungs- und Management-Methoden können dabei an ihre Grenzen stoßen. Deshalb hat sich das agile Arbeiten als neue Form der Zusammenarbeit entwickelt. Es versetzt Unternehmen in die Lage, sich schnell und flexibel an Veränderungen anzupassen oder Veränderungen selber proaktiv im Markt zu etablieren. Dafür werden neue Formen der Unternehmensführung und der Unternehmenskultur eingeführt sowie der Kundenfokus mithilfe digitaler Plattformen und neuer Geschäftsmodelle direkter gestaltet. So können Unternehmen ihre Wertschöpfung erhöhen und im wahrsten Sinne des Wortes besser arbeiten.

1.7   Checkliste Kapitel 1

Übersicht

1. Ist Ihr Unternehmen einem Druck aus dem Markt oder Veränderungen der Industrie ausgesetzt? Beschreiben Sie die Ist-Situation und den Trend, den Sie sehen!
2. Wird in Ihrem Unternehmen schon agil gearbeitet oder daran gedacht? Wenn ja, was verspricht sich ihr Unternehmen davon? Wenn nein, warum nicht?
3. Wenn Sie schon Erfahrungen mit agilem Arbeiten haben, was war Ihr erster Eindruck? Was war gut? Was hat überrascht?
4. Leben Sie in einer VUCA-Welt? Welche Unbeständigkeiten, Unsicherheiten, Komplexitäten und Mehrdeutigkeiten erleben Sie? Sprechen Sie mit Ihren Kolleginnen und Kollegen darüber?

5. Haben Sie direkten Kontakt zu den Kunden Ihres Unternehmens? Wenn ja, wie pflegen und entwickeln Sie diese Beziehung? Wenn nein, wie können Sie einen Kontakt aufbauen?
6. Wie lange braucht Ihr Unternehmen, um ein neues Produkt oder eine neue Dienstleistung zu entwickeln und am Markt anzubieten? Wie kann diese Entwicklungszeit verkürzt werden?
7. Arbeiten Sie in einem oder mehreren Teams? Warum arbeiten Sie in diesen Teams?

Literatur

1. Denning , S. (2018). *The age of agile. How smart companies are transforming the way work gets done.* AMACOM.
2. Heidelbach, J., Schmidhäuser, P., Volkwein, M., Stahl, T., Hesping, S., & Schmöllhammer, O. (2020). *Agile Organisation: Die beste Organisationsform? Orientierung und Handlungsempfehlung für den industriellen Mittelstand.* Fraunhofer-Institut für Produktionstechnik und Automatisierung IPA.
3. Hofert, S. (2018). *Agiler Führen. Einfache Maßnahmen für bessere Teamarbeit, mehr Leistung und höhere Kreativität.* Springer Gabler.
4. Hougaard, R., & Carter, J. (2018). *The mind of the leader. How to lead yourself, your people and your organization for extraordinary results.* Harvard Business Review Press.
5. Maehrlein, K. (2020). *Wie Agilität gelingt. Ein agiles Mindset entwickeln – Typische Hürden meistern.* GABAL.
6. Gassmann, O., Frankenberger, K., & Csik, M. (2013). *Geschäftsmodelle entwickeln. 55 innovative Konzepte mit dem St Galler Business Model Navigator.* Hanser.
7. Brynjolfsson, E., & McAfee, A. (2014). *The second machine age, work, progress and prosperity in a time of brilliant technologies.* W. W. Norton & Company.
8. Mohr, T. (2020). *Der Digital Navigator, Ein Modell für die digitale Transformation.* Springer Gabler.
9. Negroponte, N. (1995). *Being Digital.* Knopf.

10. Deutscher Bundestag, Wissenschaftliche Dienste, Aktueller Begriff Industrie 4.0, Berlin. (2016). https://www.bundestag.de/resource/blob/474528/cae2bf ac57f1bf797c8a6e13394b5e70/industrie-4-0-data.pdf.
11. McChristal, S. (2015). *Team of teams. New rules of engagement for a complex world.* Penguin Random House.
12. Spotify on Engineering Culture I. https://www.youtube.com/ watch?v=uhghehlVGo0.
13. Spotify on Engineering Culture II. https://www.youtube.com/ watch?v=vOt4BbWLWQw.
14. Casanova, M. (2017). *Branding it 3.0. Business performance through excellence in brand management.* Bookstand Publishing.
15. Sinek, S. (2014). *Frage immer erst warum? Wie Topfirmen und Führungskräfte zum Erfolg inspirieren.* Redline.
16. Casanova, M. (2019). *Pop up brands – Business excellence in brop up brands – Business excellence in brand manaagement in industry 4.0 era.* Bookstand Publishing.
17. Hirzel, M., & Gaida, I. (2011). *Performance Management in der Praxis. Die Wettbewerbsfähigkeit von Organisationen aufbauen und sichern.* Springer Gabler.
18. Hirzel, M., Gaida, I., & Geiser, U. (2013). *Prozessmanagement in der Praxis. Wertschöpfungsketten planen, optimieren und erfolgreich steuern.* Springer Gabler.
19. McKinsey. Mastering the duality of digital: How companies withstand disruption. https://www.mckinsey.com/business-functions/mckinsey-digital/ our-insights/mastering-the-duality-of-digital-how-companies-withstand-disruption.
20. Malik, F. (1984). *Strategie des Managements komplexer Systeme, Ein Beitrag zur Management-Kybernetik evolutionärer Systeme.* Haupt Verlag.
21. Rüegg-Stürm, J., & Grand, S. (2019). *Das St. Galler Management-Modell, Management in einer komplexen Welt.* Haupt Verlag.
22. Malik, F. (2000). *Führen-Leisten-Leben, Wirksames Management für eine neue Zeit.* DVA.
23. Hölscher, B. (2017). *Digitales Dilemma, Unternehmen im Spannungsfeld zwischen Effizienz und Innovation.* Tredition.

2

Kundenfokus revolutioniert die Arbeitswelt

Eine Großveranstaltung stand kurz bevor: Mehrere hundert Teilnehmer würden direkt oder online dabei sein. Wie immer teilte ich meinen geplanten Beitrag mit meinem Team vorab, damit die richtigen Inhalte in der richtigen Form optimal rüberkommen. Diesmal ging es um agiles Arbeiten. Gerne wollte ich den Vergleich nutzen, dass der Übergang vom aktuellen zum agilen Arbeiten analog zum Übergang vom geozentrischen zum heliozentrischen Weltbild gesehen werden kann. Die Veränderung der Perspektive, nämlich dass die Erde sich um die Sonne dreht und nicht umgekehrt, war in meinen Augen eine wunderbare Analogie, um den revolutionären Charakter des Kundenfokus in der agilen Praxis darzustellen. Es ist ja nicht neu, den Kunden in den Mittelpunkt des Geschäftes zu stellen. Aktuell wurde allerdings das Produkt oder die Dienstleistung in das Zentrum der Arbeit gerückt, um diese dann erfolgreich zu vermarkten. In der agilen Welt denkt und handelt man aus einer anderen Perspektive. Produkte und Dienstleistungen gibt es natürlich immer noch.

Die Rückmeldung war eindeutig: „Bitte nicht dieses Bild benutzen! Es ist besser, wenn Du die Veränderung als eine evolutionäre darstellst – die Welt ist noch nicht reif für solch radikalen Worte. Außerdem wurde das Thema Kundenfokussierung schon in der Vergangenheit missbraucht.

I. Gaida, *Agiles Arbeiten in der Praxis,* https://doi.org/10.1007/978-3-662-63965-8_2

Die Zuhörer würden abschalten und die Botschaft nicht ernst nehmen." Den Bedenken des Teams folgend verwendete ich dieses Bild deshalb nicht. Das Team um Rat zu fragen, um die Rückmeldung dann in den Wind zu schlagen, war keine Option für mich. Gleichzeitig sagte ich zähneknirschend zu mir selbst: „…und sie dreht sich doch".

Die Story zeigt, wie sich Führungskräfte und Führungsteams schwertun, den Paradigmenwechsel von einem produktorientierten zu einem kundenfokussierten Geschäftsmodell umzusetzen und dafür die richtigen Worte zu finden. Das liegt nicht nur daran, dass das Bild des kundenorientierten Unternehmens schon oft überstrapaziert wurde, sondern auch daran, dass der Produktgedanke tief verwurzelt in unserer Kultur ist. Autos, Flugzeuge, Medikamente, Waschmittel, Haushaltsgeräte aber auch Musikgruppen oder Spiele, Smartphones und Computer werden primär als Produkte mit ihren Merkmalen im Markt positioniert. Auto- oder Bekleidungshäuser, Lebensmittelgeschäfte oder Apotheken wählen dabei immer wieder eine Produktlogik, wenn sie ihre Waren fürs Auge sichtbar positionieren. Eine Kundenorientierung führt unter Umständen zu neuen, ungewohnten Perspektiven. Da die Darstellung der unterschiedlichen Kundenperspektiven in der Regel viel mehr Platz benötigt, verdrängen heute Filme im Internet die klassischen Schauräume und Broschüren.

2.1   Was ist so revolutionär?

Was wäre, wenn … Sie ab morgen als Leiter eines Autohauses konsequent auf Kundenfokus umstellen? Sie unterteilen ihre Kunden in unterschiedliche Segmente ein und differenzieren diese noch gemäß ihrem Alter. Konsequenterweise bauen Sie ihr Autohaus um und etablieren Bereiche für Singles, Familien mit Kindern und Rentner. Es wird nicht mehr ein bestimmtes Modell in den Fokus gerückt, sondern z. B. Autos für Familien mit viel Platz und Flexibilität im Stauraum plus Multi-Media Lösungen beworben. Für ältere Menschen werden einfach zu bedienenden und zu wartende Autos mit hoher Einstiegskante angeboten. Für die Inspektion und Instandhaltung der altersgerechten

Autos wird ein entsprechender kostengünstiger Service angeboten, der direkt vor dem Haus startet. Die eigenen Mitarbeiter werden geschult, den tatsächlichen Kundenbedarf zu erfragen und in existierende Produkte und Dienstleistungen zu übersetzen. Das Automodell und der Umsatz des Unternehmens sind erst einmal zweitrangig. Die Erfüllung des Kundenwunsches steht an erster Stelle. Am Ende des Umbaus ist das Autohaus nicht mehr wiederzuerkennen. Die Vermarktung traditioneller Produktmodelle ist dem Bedarf des Kunden als Mensch auf seinem Lebensweg gewichen (Tab. 2.1). Gleichzeitig werden klassische Produkte bzw. Modelle und Dienstleistungen miteinander zu einer agilen Produktwelt verschmolzen, wobei die neuen Produkte sich immer aus den traditionellen Produkten und zugehörigen Dienstleistungen zusammensetzen.

Viele Aspekte eines solchen Szenarios sind in der Idee nicht neu. Dennoch ist der Weg vom Auto als Modell zum kundenfokussierten Produkt weit und die Dynamik auf der Kundenseite eine andere.

> Der Kundenfokus ändert sich fortlaufend.

Deshalb adaptieren agile Unternehmen neue Anforderungen ihrer Kunden gezielt und schnell. Dabei wird in den Altersgruppen, im kulturellen Hintergrund und in persönlichen Vorlieben differenziert.

Tab. 2.1 Kundensegmentierung

Alter	18–25	25–32	32–52	52–73
Situation	Ausbildung, Studium, Berufsanfang	Familie mit Kindern	Familie mit Jugendlichen	Ehepaar, Partner, Rentner
Bedarf	Wenig Geld, kleines Auto, geringer Strom- oder Kraftstoffverbrauch, Digital, Nachhaltig	Sicherheit, Kindersitze, Stauraum für Kinderwagen	Stauraum für Urlaub und Transport sowie lange Beine, Multimedia	Hohe Einstiegskante, leichte Bedienung, verlässlich, einfach, zusätzliche Sicherheitstechnik

> **Beispiel Musikgeschmack**
>
> Streaming Dienste für Musik benutzen klassische Produkte, also Songs und Lieder gespielt und gesungen von Musikern, und bieten ihren Kunden sogenannte Playlists an, d. h. Listen von Musikstücken, die der Kunde mag und gerne hört. Tatsächlich ändert sich diese Liste fortlaufend und kann vom Kunden individuell angepasst und mit Freunden geteilt werden.

Eine deutliche Ausprägung erfährt der Kundenfokus zum Beispiel in der Kosmetik, Hautpflege und Medizin. Der klassische Ansatz, ein Produkt für alle Menschen zu entwickeln, wird in der Zukunft immer mehr in Richtung individueller Lösungen verschoben, da der Mensch vereinfacht gesagt einmalig ist. Neue Therapien setzen vermehrt in der Ursache an und nicht in der Wirkung. Gentherapien und individuelle Ansätze erhöhen so die Möglichkeit von echter Heilung. Diese personalisierte Medizin führt dazu, dass der Kundenfokus zu einem individuellen Fokus wird (Tab. 2.2).

Mit dieser Entwicklung steigt die Bedeutung von **Plattformen,** die auf der einen Seite individuelle Lösungen erlauben und gleichzeitig einen grundsätzlichen Rahmen vorgeben. In dem Beispiel der Streaming Dienste kann nur aus der Menge aller zur Verfügung stehenden Songs ausgewählt werden. Im Rahmen einer personalisierten

Tab. 2.2 Übergang vom Standard-Kunden zum individuellen Kunden

Standard-Kunde	Kunden-Segmente	Individuelle Kunden
Ford T-Modell, VW Käfer, MS-DOS	Versicherungen, Banken, Computer, Autohäuser, Reiseunternehmen	Streaming Dienste, Personalisierte Medizin, Individualreisen …
Eine Zahnpasta, ein Shampoo, eine Creme	Unterschiedliche Zahnpasten, Shampoos und Cremes	Individuelle Zahnpasten, Shampoos, Cremes …
Kunde richtet sich nach dem Produkt- und Serviceangebot des Unternehmens	Unternehmen bieten Produkte und Dienstleistungen pro Kundensegment an	Unternehmen bietet individuelle Produkte und Dienstleistungen an. Unternehmen bauen direkte Beziehung zu den Kunden auf

Medizin nur aus dem Fundus genehmigter Therapien oder Medikamente. Gleichzeitig steigt das **Empowerment** (deutsch: Ermächtigung, Handlungsfähigkeit) in der Organisation, d. h. Mitarbeiter können und sollen im Rahmen der Plattform und der Vision und Strategie eigene Entscheidungen treffen und so selbständig wie möglich arbeiten. Dabei müssen sie transparent, offen und zeitnah kommunizieren. Beides erhöht die Schnelligkeit und verbessert die Anpassungsfähigkeit auf neue Kundenanforderungen. Mehr noch, der Kunde wird aktiv mit eingebunden, sowohl bei der Entwicklung neuer Produkte wie auch bei der Lieferung. So können heute schon Kunden in einem agilen Umfeld die Lieferung ihrer bestellten Ware verfolgen. In Summe dreht sich also das Geschäftsmodell und das Unternehmen in der agilen Praxis um den Kunden und nicht umgekehrt. Die klassische Produktsicht wird dabei durch ganzheitliche Lösungen aus Sicht des Kunden abgelöst und der Kunde wird letztendlich Teil der agilen Gesamtorganisation. Auf der anderen Seite werden klassische Unternehmensfunktionen wie Forschung und Entwicklung (R&D), Produktion und Technik (P&T), Marketing und Vertrieb (M&S) wie auch Einkauf (Proc.), Logistik (SC), Personalabteilung (HR), Informationstechnologie (IT) und die Unternehmensentwicklung (CD) viel stärker und näher an den Kunden und seine Erlebniswelt ausgerichtet (Abb. 2.1).

Beispiel Kundenerlebnis

Ein Restaurant glänzt durch erstklassiges Essen, während jedoch die Bedienung und das Ambiente eher drittklassig ausfallen. Durch die Umstellung auf die Kundenperspektive wird ein neues agiles Geschäftsmodell eingeführt, sodass auch die Services und die Infrastruktur als Teil eines einmaligen Kundenerlebnisses positioniert werden. Die neue Aufgabe des Managements ist es nun auch, für die richtigen Rand- und Rahmenbedingungen zu sorgen, die Teams und Mitarbeiter zu entwickeln und zu trainieren sowie die Finanzen abzusichern. So individualisiert sich nicht nur der Kunde, sondern auch das Unternehmen. Natürlich lässt sich das Restaurant nun auch gerne in entsprechenden digitalen Plattformen bewerten und nutzt diese Bewertung zum weiteren Marketing. In Summe zielt alles darauf ab, dass die Kunden das Essen als Erlebnis wahrnehmen und so begeistert sind, dass sie das Restaurant weiterempfehlen und auch selbst gerne wiederkommen.

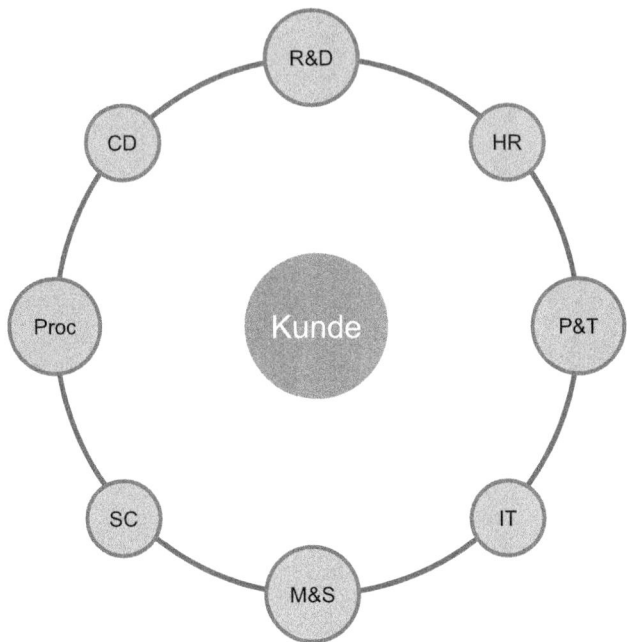

Abb. 2.1 Kundenfokus

Dem Erlebnis von Anwendern und Kunden wird dabei zunehmend höhere Priorität eingeräumt. Programme zur Verbesserung der **User Experience (UX)** oder **Customer Experience (CX)** zielen auf eine strategische Ausrichtung, die auch die Gefühlswelt der Kunden adressiert. Das Produkt und die Dienstleistungen werden so systematisch an dem Kunden und seinem Bedarf angepasst und nicht umgekehrt.

2.2   Die Wertschöpfung des Kunden

In einem agilen Geschäftsmodell wird der Kunde zum Chef. Deshalb gilt es, zuerst die folgenden drei Leitfragen sehr sorgfältig zu beantworten.

Leitfragen

1. Wer sind unsere Kunden?
2. Was ist die Perspektive unserer Kunden?
3. Wie generieren wir Werte bei unseren Kunden?

Die erste Frage meint hier den Kunden als Endkunden, Nutzer und Konsument sowie die heutige und zukünftige Perspektive. Kunden sind in diesem Sinne zu differenzieren und lassen sich oft in zahlende und nicht zahlende Kunden unterteilen. Die Nutzer einer Internet-Suchmaschine oder eines digitalen Wörterbuches können in diesem Sinne Endkunden sein, ohne dass sie Entwicklung und Betrieb der Lösung direkt bezahlen. Um die Wertstiftung der agilen Produktwelt genau zu verstehen, muss der Endkunde erreicht und verstanden werden. Deshalb geht es in der zweiten Frage um die unterschiedlichen Kundensegmente. Dafür werden Kundendaten erhoben und systematisch wie auch kontinuierlich analysiert und ausgewertet, sodass nicht nur die Ist-Welt verstanden, sondern auch Trends erkannt werden. Dabei spielen neue Technologien im Bereich **Big Data, Advanced Analytics** sowie **Artificial Intelligence** eine immer wichtigere Rolle ein. Sie können helfen, zuerst ein objektives Bild der aktuellen Geschäfte zu generieren, um dann Prognosen und Trends für die Zukunft abzuleiten. Wichtig ist, dass diese Arbeiten im Bereich **Data Science** unabhängig von der Meinung des Managements ausgeführt werden und allein wissenschaftlich fundierte Analysen, Algorithmen und Prognosen zum Einsatz kommen. Dabei ist zu erwarten, dass die Ergebnisse am Anfang nicht so gut sind und das Wissen und die Fähigkeiten erst über eine Lernkurve weiterentwickelt werden müssen. Typischerweise müssen Unternehmen ihre Fähigkeiten im Bereich Data Science und Artificial Intelligence erst entwickeln und lernen, wie man diese optimal nutzt. So entstehen ganz neue und möglicherweise ungewohnte Funktionen und Arbeitsplätze im Unternehmen.

In einem dritten Schritt wird dann gezielt die Wertschöpfung analysiert und zu einer **Value Proposition** weiterentwickelt. Dieser Schritt ist in der Regel sehr arbeitsintensiv. Nicht selten kommt es dabei zu Überraschungen, wie folgendes Beispiel zeigt.

Beispiel Kernkompetenz

Ein Hersteller von speziellen elektronischen Bauteilen investiert seit Jahren in die Qualität seiner Produkte. Die eigene Mannschaft ist stolz auf die hohe Qualität. Nach einer Diskussion mit den Kunden sowie einer unabhängigen Datenanalyse ergibt sich, dass der Wert des Unternehmens als Partner vor allem darin liegt, dass es die erforderlichen Bauteile innerhalb von 24 h in jedes Land der Welt liefern kann. Die Wertschöpfung lag also vor allem in der Logistikleistung – und nicht, wie intern angenommen, in der Produktqualität.

Für viele Unternehmen verschiebt sich über die Zeit der Wert, den es für den Kunden hat. Deshalb ist es empfehlenswert, die Wertschöpfung beim Kunden immer wieder zu schärfen, infrage zu stellen und anzupassen. Es ist nicht selten, dass Partner von heute zu Konkurrenten von morgen werden, da immer mehr Unternehmen versuchen, ihre eigene Fertigungstiefe zu erhöhen.

In der agilen Praxis gelten die folgenden sieben Leitprinzipien zur optimalen Wertschöpfung

1. Der Kunde, die Wertschöpfung beim Kunden und das Erlebnis des Kunden stehen im Mittelpunkt der Arbeiten.
2. Teams bestehend aus unterschiedlichen Funktionen und Kompetenzen bilden operative Einheiten, generieren Werte, agieren eigenverantwortlich und kommunizieren transparent nach innen und außen.
3. Entscheidungen werden auf allen Ebenen getroffen und umgesetzt.
4. Teams werden durch ein zentrales Führungsteam orchestriert.
5. Plattformen und Daten werden zentral zur Verfügung gestellt, geteilt und genutzt.
6. Teams lernen und experimentieren kontinuierlich und gemeinsam.
7. Entwicklungen werden in möglichst kurzen Zeitabständen umgesetzt.

Daraus ergeben sich unterschiedliche Konsequenzen. Zum einen muss sich jedes Geschäft direkt oder mindestens indirekt als Business-to-Customer (B2C) Geschäft positionieren. Traditionelle Business-to-Business (B2B) Geschäfte werden über Partnerschaften so weiter ausgebaut, dass eine Bewirtschaftung und ein Verständnis bis zum Endkunden möglich sind. Ferner werden nach Möglichkeit Service

Funktionen, z. B. HR, IT, FI, in die operativen Teams integriert. In großen Organisationen werden diese Funktionen oft wie Trabanten um sogenannte Geschäftsfunktionen, z. B. M&S, R&D, P&T, aufgestellt. In ganz großen Organisationen werden dabei sogar interne Business Partner (BP) Funktionen etabliert, um interne Dienstleistungen optimal intern zu verkaufen. Diese aus einem starken Effizienzgedanken resultierenden Strukturen werden in der agilen Praxis aufgebrochen. Dabei wird ein gewisses Maß an Ineffizienz und Doppelarbeit in Kauf genommen, damit die Gesamtorganisation sich umso schneller an neue Kundenanforderungen und Marktentwicklungen anpassen kann. Im Übrigen sind die Teamgrößen sehr begrenzt und überschreiten in der Regel keine zwanzig Teammitglieder. Weniger ist mehr.

So entwickelt sich die klassische Organisation mehr hin zu einem Organismus – weg von starren, zentral kontrollierten Strukturen und hin zu flexiblen, anpassungsfähigen und zeitlich begrenzten Teams (Tab. 2.3). Die Führung der Teams über ein zentrales Führungsteam führt so zu einer „Blumenstruktur" (**Flower-Power**) im Unterschied zu starren Hierarchien und Funktionen gemäß der klassischen Arbeitsteilung (Abb. 2.2).

Um schnell zu sein sowie die Offenheit und Transparenz zu fördern, kann der Aufbau agiler Organisationsstrukturen dazu führen, dass auch die Räumlichkeiten und Büros eine neue Sitzordnung bekommen oder so umgebaut werden, dass die unterschiedlichen Player sich schnell und direkt austauschen können. Wände werden durch Glas ersetzt. Großraumbüros und Bürolandschaften können so eingerichtet werden, dass das Führungsteam in der Mitte sitzt, während sich die Teams in Blütenform darum scharen. Das Leitungsteam kann dann schnell an die operativen Teams kommunizieren und umgekehrt. Der Dialog wird so im wahrsten Sinne des Wortes für alle sichtbar. Natürlich spielen dabei

Tab. 2.3 Agile Teams sind divers aufgestellt und so klein wie möglich

Funktion	Team 1	Team 2	Team 3	Team 4	...
F&E	Fritz Euler	Julia Newton	Karl Gaus	Lisa Leibniz	...
P&T	Mia Feyn	Ken Stein	Miguel Planck	Jane Neuman	...
HR	Lea Carter	Max Loh	Daniel Cain	Sarah Gole	...
IT	Sandra Böll	Claire Kafka	Paul Hesse	Marc Mann	...
...	...	...	...	...	...

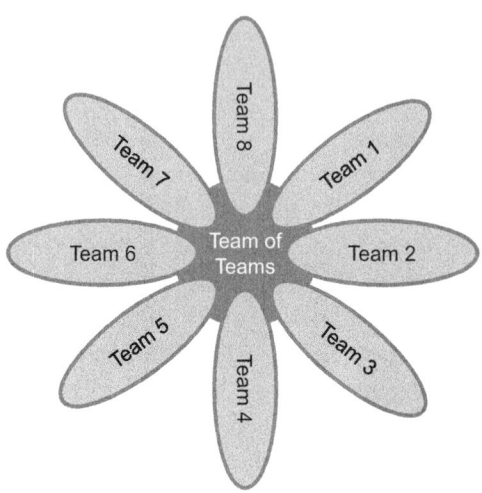

Abb. 2.2 Flexible Teams ersetzen starre Organisationsstrukturen

auch digitale Kommunikationswerkzeuge eine Rolle, die es ermöglichen, sich weltweit in Sekundenschnelle zu vernetzen. Schneller Austausch, schnelle Entscheidungen und schnelle Umsetzung haben einen Wert, der durch eine kluge physische Aufstellung der Teams und den Einsatz von Kollaborationsplattformen gezielt erhöht werden kann.

Überspitzt formuliert werden traditionelle Führungsmodelle mit dezentralen Betriebseinheiten und zentralen Kontrollinstanzen überführt in eine agile Führung mit flexiblen Teams. Dabei wird die Kommunikation mit dem Kunden intelligent mit einbezogen. Das Sprichwort „Der Kunde ist König" manifestiert sich so in der agilen Welt mehr denn je.

2.3 Wie kann der Wandel gelingen?

Agilen Kundenfokus in der Organisation zu verankern, ist eine Kunst. Der Weg des Wandels hängt einerseits von der Ist-Situation ab, andererseits erfordert er meistens Veränderungen auf der ganzen Linie, d. h. Manager, Teams und Kunden haben andere Rollen und Verantwortungen im Unterschied zum traditionellen Organisationsverständnis. Bildlich gesprochen kommt dem Manager bzw. der Leitungsfunktionen eher die Rolle eines Orchesterleiters oder eines Gärtners zu [1]. Sie orchestrieren die unterschiedlichen Teams und kümmern sich um die richtigen Rand- und Rahmenbedingungen wie auch die grundsätzliche Strategie. Sie sorgen für eine optimale Aufstellung und Kommunikation der Teams untereinander, während die Teams so unabhängig wie möglich agieren. Das klassische top-down Management weicht so einem kollaborativen Führungsstil. Diese bezieht sich auf die eigenen Mitarbeiter wie auch die Kunden. Während früher das Produkt bzw. die Dienstleistung als erstes entwickelt wurde und dann in einem top-down Ansatz dafür gesorgt wurde, dass der Kunde diese will und kauft („Wir produzieren, sie konsumieren"), wird nun der Kunde in den Mittelpunkt der Wertschöpfung gestellt während der klassische Shareholder Value Ansatz nachgelagert berücksichtigt, aber nicht aufgegeben wird [2]. Der Dominanz orientierte Archetyp des allwissenden Chefs weicht somit einer neuen, realistischeren Führungsphilosophie. Der Chef muss nicht alles wissen, sondern zuhören können, Fragen stellen, Brücken bauen und Kollegen einbeziehen. Damit wird der Chef zum Möglichmacher, der auf Teams, Partnerschaft und Gemeinsamkeit setzt. Das gelingt umso besser, wenn die Macht im alten Stil so weit wie möglich an die operativen Teams abgegeben wird und der Manager seine Persönlichkeit in den Dienst eines übergeordneten Sinns stellt.

Den Teams sollte dabei bewusst sein, dass das Management nicht mehr alle Details kennt oder versteht, die sich auf die einzelnen Teams oder das Tagesgeschäft beziehen. Das klassische, in Europa zum Teil bis ins Mittelalter zurückreichende Organisationsverständnis wird so gezielt weiterentwickelt, um die rasante Dynamik der Märkte wie auch die Komplexität in den Griff zu bekommen. In Summe ist dieser Ansatz durchaus revolutionär.

Sinnvolle Einrichtungen wie Betriebsräte und das Mitspracherecht der Mitarbeiter stoßen aktuell schnell an Grenzen, wenn alte Vorgehensmodelle und Prozesse in der Abstimmung und Mitsprache genutzt werden. Es geht schlichtweg nicht schnell genug. Mitarbeiter empfinden dann unter Umständen ihre eigenen Vertreter und Organe als fünftes Rad am Wagen und Behinderer, die durch ihr Verhalten und Denken in der Praxis Arbeitsplätze gefährden und Wachstum verhindern. Gleichzeitig ist ein neues, ehrliches Selbstverständnis des Managers und eine entsprechend neue Kultur erforderlich, um den Wandel voranzutreiben und Erfolg zu ermöglichen.

> Die Leitungsfunktionen und die Arbeitnehmervertreter sind verantwortlich für die Einführung und Umsetzung von agilem Denken und Arbeiten.

Es sei an dieser Stelle erwähnt, dass Leitungsfunktionen und Vorstände weiterhin für ihre Organisation verantwortlich sind. Die entsprechende legale wie auch moralische Verantwortung bleibt in der agilen Arbeitswelt bestehen und muss auch ausgeübt werden. Agiles Arbeiten bedeutet nicht, dass jeder tun kann, was er will oder dass Verantwortung nur eine Ebene nach unten gegeben wird. Stattdessen geht es darum, exzellente Teams aufzubauen und zusammen mit den Kunden schnell und gezielt Werte zu schaffen. Deshalb gilt auch: Agiles Arbeiten ist nicht überall sinnvoll oder erlaubt.

> **Beispiel Pharmaindustrie**
>
> In der pharmazeutischen Industrie ist die Herstellung, Verpackung und der Vertrieb von Medikamenten stark reguliert. Die Unternehmen müssen strengste Vorschriften einhalten. Abweichungen sind nicht erlaubt. Veränderungen und auch Weiterentwicklungen unterliegen scharfen Regeln – und das ist gut so, denn unerwünschte Nebenwirkungen können Menschenleben gefährden. In Industrien mit solchen Rand- und Rahmenbedingungen hat agiles Arbeiten natürliche Grenzen.

Teams wie auch Leitungsfunktionen müssen sich in der Praxis immer wieder die Frage stellen, ob der agile Ansatz zur Erreichung der Ziele sinnvoll ist und in den Kontext passt. Das ist nicht immer der Fall. Deshalb liefert die klassische Wasserfallmodell im Projektgeschäft auch weiterhin gute Dienste.

> Die Teams sind verantwortlich für die operative Umsetzung und die dynamische Anpassung der gesteckten Ziele.

Die Teams müssen entscheiden, welches Umsetzungsmodell sie nutzen wollen. Sie sind mit dafür verantwortlich, dass die Arbeit und die Prozesse optimal laufen. Ein zentraler Erfolgsfaktor dafür ist die Kommunikation, d. h. der Dialog, in fünf unterschiedliche Richtungen.

---

5 Richtungen des Dialogs

1. Das eigene Team
2. Alle anderen Teams
3. Kunden
4. Leitung
5. Relevante Stakeholder

Um Schnelligkeit zu erreichen, muss die Kommunikation zeitnah, automatisiert und routiniert erfolgen. Falsche Höflichkeiten, lange Emails oder irrelevante Details stören nur, fressen Zeit und machen den Prozess langsam. Deshalb sollte ein fundamentales Vertrauen in dem Unternehmen herrschen, das es erlaubt, ohne fundamentale Sorgen oder Ängste zu arbeiten. Misstrauen, Mobbing oder Ängste um den Arbeitsplatz bilden ernstzunehmende Hürden für agiles Arbeiten und sind Gift für den Erfolg des Unternehmens. Hier kommt der Leitungsfunktion eine besondere Führungsrolle zu.

Beispiel Stahlindustrie

Ein führendes Unternehmen der Stahlindustrie gerät durch neue Wettbewerber immer wieder unter Druck. Das Unternehmen wird deshalb laufend umorganisiert und das Top-Management in der Wahrnehmung der Mitarbeiter alle zwei bis drei Jahre ausgewechselt. In diesem Kontext stellt sich ein neuer Manager seinen Teams vor. Die Mitarbeiter weisen ihn nicht besonders stark in die Details der Arbeiten ein. Als der neue Leiter dies moniert, antwortet man ihm: „Warum sollen wir sie in die Details einweihen? In zwei bis drei Jahren sind sie wieder weg." Und so war es dann auch…

Ein wichtiger Aspekt agilen Arbeitens ist das Experimentieren der Teams mit neuen Ansätzen, Technologien oder Prozessen. Sie dienen dazu, sich weiter zu entwickeln, neue Erfahrungen zu sammeln und zu lernen. Dafür werden den Teams Zeit und Raum seitens der Unternehmensführung eingeräumt. Dies führt konsequenterweise zu Kosten und unter Umständen Effizienzverlusten, sichert jedoch bei richtiger Umsetzung langfristig die Wettbewerbsfähigkeit des Unternehmens.

In diesen Experimenten werden konsequent Daten generiert und analysiert. Die fortschreitende Digitalisierung bietet entsprechende Möglichkeiten, die systematisch genutzt und weiterentwickelt werden. Ergebnisse und Erfahrungen werden an relevante Stakeholder kommuniziert.

Wenn es in der agilen Praxis vor allem um die Wertschöpfung beim Kunden geht, dann ist das Verständnis dieser Wertschöpfung von zentraler Bedeutung. Experimente werden sich also darauf beziehen. Dabei geht es sowohl um qualitative als auch quantitative Werte und Wertvorstellungen – heute und morgen. Deshalb ist es von entscheidender Bedeutung, dass der Kunde sich öffnet und ehrlich sowie selbstkritisch seine Werte und Wertschöpfung betrachtet.

> Der Kunde ist in Zukunft mit verantwortlich für die richtige Wertschöpfung, Produktentwicklung und Erlebniswelt.

Das bedeutet unter Umständen auch, dass der Kunde eine neue Rolle wahrnimmt. Die Anzahl an Initiativen und Projekten zu fairem Handel und mehr Nachhaltigkeit und Klimaschutz steigt seit Jahren ständig an. Gesellschaftlicher Fortschritt und die Entwicklung von Produkten und Dienstleistungen werden so viel enger miteinander verzahnt. Dabei steht der gesamte Lebenszyklus zur Debatte. Kunden wollen deutlich nachhaltiger leben. Das kann bedeuten, dass sie ihren Lebensstil dieser eigenen Anforderung anpassen müssen.

Beispiel Nachfüllstationen für Nachhaltigkeit

Ein Unternehmen experimentiert mit der Bereitschaft der Kunden, Kunststoffverpackungen im Bereich der Körper- und Hautpflege zu recyceln. Dafür werden Nachfüllstationen für Haarshampoos und Duschgel in Drogerien aufgestellt. Die Kunden können ihre alte Verpackung reinigen und zur Neuabfüllung mitbringen. Das Angebot wird tatsächlich genutzt und einzelne Kunden kommunizieren sehr positiv darüber in den sozialen

Medien. Die Firma wird gelobt und das hat positive Wirkung auf das Image. Allerdings ist die Resonanz nicht so groß, dass eine solche Lösung auf nationaler oder internationaler Ebene eingeführt werden kann. Die Abfüllmaschinen nehmen Raum in Anspruch, der angemietet werden muss. Die Maschinen müssen gereinigt und gewartet werden und viele Kunden stellen ihr eigenes Konsumverhalten nicht um. In Summe sind die Kosten zu hoch und der Kunde ist nicht bereit diese Mehrkosten zu tragen.

Das Experiment ist gut gewählt und die positive Resonanz hat einen Wert für das Unternehmen. Es ist aber vermutlich nicht die Lösung, die nachhaltig im Massenmarkt der Körperpflege eingeführt wird. Zu aufwendig ist der Arbeitsanteil auf der Kundenseite. Zu teuer sind die Kosten für die Nachfüllstationen. Zu wenig Kunden werden sich auf das neue Geschäftsmodell einlassen. Auf der anderen Seite gibt es viele andere Beispiele, die ähnlich ambitioniert sind und gleichzeitig erfolgreich im Markt umgesetzt werden konnten.

Beispiel Druckerpatronen für Nachhaltigkeit

Ein Unternehmen stellt Drucker und Druckerpatronen her. In einem Experiment wird die Perspektive des Kunden eingenommen und das Team stellt die Funktionsfähigkeit des Druckers an oberste Stelle. Es entsteht ein Wert für den Kunden, wenn die Druckerpatronen genau dann zur Verfügung stehen, wenn sie leer sind. Entsprechend wird ein Service entwickelt, der an Kunden Druckerpatronen schickt, wenn diese beinah aufgebraucht sind. Eine Internetverbindung des Druckers kann die erforderlichen Daten liefern, ohne dass der Kunde aktiv werden muss. Die Arbeit geschieht automatisiert im Hintergrund. Ferner wird dem Kunden die kostenlose Möglichkeit gegeben, die alten Druckerpatronen über die Post zu recyceln. Das Service-Angebot wird direkt zwischen dem Kunden und dem Unternehmen abgeschlossen. Die Zufriedenheit der Kunden wird ständig analysiert und die Daten über Nutzung und Verbrauch der Tinte werden dem Kunden zur Verfügung gestellt. Die erste Idee für diesen neuen Service kam tatsächlich von einem Kunden, der in die entsprechende Entwicklung direkt mit eingebunden wurde. Der Service kommt extrem gut bei den Kunden an und wird schrittweise international ausgerollt. Das Unternehmen hat so nicht nur zufriedene Kunden, sondern zudem Kostenvorteile durch Recycling – vom Imagegewinn ganz zu schweigen.

Der Punkt ist, dass Kunden in vielen Märkten und Industrien mehr denn je zwischen unterschiedlichen Optionen auswählen können. So entsteht Druck auf den alten Wertschöpfungsketten und auf den etablierten Unternehmen. Denn der Kunde will lieber mit modernen Unternehmen zusammenarbeiten, wenn dort seine Ideen und Anforderungen direkt und schnell aufgegriffen werden oder seine Wertevorstellungen noch besser berücksichtigt werden. Im optimalen Fall sind sogar individuelle Lösungen möglich. Diese steigern natürlich das Kundenerlebnis. Dabei spielen digitale Plattformen eine immer wichtigere Rolle, auf denen Kunden sowohl in die Produktentwicklung integriert werden als auch ihre Erfahrungen, Erfolge und Misserfolge miteinander teilen können. Für Unternehmen sind solche Plattformen, wenn sie denn bis zum Endkunden reichen und professionell bewirtschaftet werden, im wahrsten Sinne des Wortes Gold wert. Sie bieten einen optimalen Spiegel für die Erlebniswelt der Kunden mit ihren Produkten.

2.4   Zusammenfassung Kapitel 2

Agiles Arbeiten besitzt einen starken Kundenfokus. Das hat zur Folge, dass Produkte immer mehr mit entsprechenden Dienstleistungen vermarktet werden, damit die Wertschöpfung des Kunden optimal ausfällt. Zur Entwicklung werden neben den klassischen Methoden neue, datengetriebene genutzt. Als Folge entstehen neue Funktionen im Unternehmen, zum Beispiel im Bereich Data Science oder Artificial Intelligence. Unterm Strich wird die gesamte Erlebniswelt des Kunden bedient. Da sich diese laufend ändert, müssen die Produkte und Services auch immer weiterentwickelt werden. Ein wesentliches Element der Umsetzung sind agile Teams, die eigenverantwortlich arbeiten und exzellente Kommunikationsfähigkeiten besitzen. Die Teams werden über ein Führungsteam orchestriert. Dieses Führungsteam ist verantwortlich für die Einführung und Weiterentwicklung des agilen Denkens und Arbeitens, während die Teams die operative Umsetzung der unternehmerischen Ziele sicherstellen. Dazu integrieren sie den Kunden in direkter oder indirekter Form und nutzen digitale Plattformen und Daten in systematischer Art und Weise.

2.5 Checkliste Kapitel 2

Übersicht

1. Wer steht in Ihrem Unternehmen im Mittelpunkt? Der Kunde oder die Produkte bzw. Dienstleistungen? Warum ist das so?
2. Wie hat sich der Kundenwunsch in den letzten Jahren verändert und was ist gleich? Beschreiben Sie die Entwicklung, die Sie sehen!
3. Bedienen Sie unterschiedliche Kundensegmente oder ist Ihr Angebot individuell auf Kunden zugeschnitten? Welche Erfahrungen haben Sie diesbezüglich schon gemacht?
4. Wie gestalten Sie die Erlebniswelt Ihrer Kunden, wenn Sie mit Ihrem Unternehmen und Produkten in Berührung kommen? Was würden Sie erwarten, wenn Sie Kunde wären?
5. Welche Werte generieren Sie bei Ihren Kunden? Kennen Sie seine Wertschöpfung?
6. Welche Verantwortung tragen Sie in Ihrem Unternehmen und Ihrem Team? Wie nehmen Sie diese Verantwortung im Tagesgeschäft wahr? Mit wem arbeiten Sie am meisten zusammen?
7. Wie beziehen Sie Ihre Kunden in die Weiterentwicklung von Produkten und Dienstleistungen ein? Wie kann man dies noch weiter verbessern? Welche Rolle spielen dabei digitale Plattformen?

Literatur

1. McChristal, S. (2015). *Team of teams. New rules of engagement for a complex world*. Penguin Random House.
2. Denning, S. (2018). *The age of agile. How smart companies are transforming the way work gets done*. AMACOM.

3

Agile Prinzipien, Techniken und Methoden

Ein Kollege sprach mich an und war sichtlich stolz, dass er zusammen mit seinem Team ein wichtiges Projekt nun endlich, nach drei Jahren Laufzeit, beendet hatte. Als ich meinen Unmut über ein Projekt dieser langen Laufzeit kundtat, war er überrascht. In der agilen Arbeitswelt, so mein Punkt, verändern sich Technologien und Plattformen so rasant, dass drei Jahre eine Ewigkeit bedeuten. Die digitale Lösung war vermutlich jetzt schon veraltet, obwohl sie gerade erst eingeführt wurde. Noch vor Jahren wäre meine Reaktion anders ausgefallen. Jetzt trieb mich die Sorge, dass wir als Unternehmen viel zu langsam waren. Die Kunden erwarteten eine schnellere Umsetzung und unsere Wettbewerber konnten vermutlich auch schneller liefern. Wir konnten das bestimmt auch, allerdings nicht mit den alten Prinzipien und Methoden.

Neue agile Methoden und Techniken versprechen eine größere Schnelligkeit und eine bessere Zielgenauigkeit. Die Scrum Methode verspricht zum Beispiel doppelt so viel Arbeit in der Hälfte der Zeit zu leisten [1]. Welches Unternehmen kann dazu „Nein!" sagen?

I. Gaida, *Agiles Arbeiten in der Praxis*, https://doi.org/10.1007/978-3-662-63965-8_3

3.1   Was sind agile Prinzipien?

Was wäre, wenn … Sie ab morgen verantwortlich für die Einführung agiler Arbeitsmethoden in Ihrem Unternehmen sind? Heute hat Ihr Chef Ihnen mitgeteilt, dass Sie im Rahmen Ihrer persönlichen Entwicklung diese Aufgabe in den nächsten zwei Jahren übernehmen sollen. Es hänge viel davon ab, denn die Zukunft sei agil und viele Kolleginnen und Kollegen hätten sich mit diesem Thema bisher noch nicht beschäftigt. Auf der anderen Seite wisse die Unternehmensleitung, dass ein „Weiter-so" keine Option mehr sei. Wichtige Stammkunden würden mittlerweile nach agilen Arbeitsmethoden fragen und sich gerne direkt in die Produktentwicklung mit einbringen. Beim Wettbewerb läuft das schon. Sie stellen noch ein paar Detailfragen und bedanken sich dann für das Vertrauen der Geschäftsleitung. Zurückgekehrt an Ihren Schreibtisch kommen Sie ins Grübeln. Dann entscheiden Sie, sich erst einmal einen Überblick über die unterschiedlichen Methoden verschaffen zu wollen, bevor Sie die konkrete Umsetzung angehen.

Einen ersten Meilenstein erreichte die Entwicklung des agilen Arbeitens im Februar 2001 in Snowbird, Utah (USA), als IT-Experten das Agile Manifest formulierten [2]. Vier agile Grundwerte sollten zu einer besseren Gesamtleistung führen. Konkret hieß es: „Wir erschließen bessere Wege, Software zu entwickeln, indem wir es selbst tun und anderen dabei helfen. Dadurch haben wir folgende Werte zu schätzen gelernt:"

1. Individuen und Interaktionen vor Prozessen und Werkzeugen.
2. Funktionierende Software vor vollständiger Dokumentation.
3. Zusammenarbeit mit Kunden vor Vertragsverhandlungen.
4. Reagieren auf Veränderungen vor Befolgen einer Planung.

Diese Grundwerte wurden durch zwölf agile Prinzipien weiter detailliert, um den Fokus auf die Wertschöpfung für den Kunden und das Arbeiten im Team weiter zu betonen. Beispielsweise heißt es dort [2] …

- „Unsere höchste Priorität ist es, den Kunden durch frühe und kontinuierliche Auslieferung von wertvoller Software zufriedenzustellen.
- Begrüße Anforderungsänderungen, selbst wenn sie spät in der Entwicklung ankommen. Agile Prozesse dienen den Kunden als Wettbewerbsvorteil.
- Experten aus dem Geschäft und Entwickler müssen während des Projektes täglich zusammenarbeiten.
- Die effizienteste und effektivste Art und Weise, Informationen an und im Entwicklungsteam zu verteilen, ist das Gespräch von Angesicht zu Angesicht.
- Agile Prozesse fördern nachhaltige Entwicklung.
- Die besten Architekturen, Anforderungen und Designs stammen von selbst-organisierenden Teams.
- Das Team reflektiert in regelmäßigen Abständen, wie es effektiver werden kann, und passt sein Verhalten dann entsprechend an und stellt sich um."

Das Agile Manifest ist in einer Zeit entstanden, in der IT immer mehr eingekauft und interne Organisationsbereiche infrage gestellt, ausgegliedert oder verkauft wurden. Es ging damals darum, diesen Entwicklungen dort entgegenzuwirken, wo es den Unternehmen schaden würde und das Kind mit dem Bade ausgeschüttet worden wäre. Nach und nach hat man sich von dem ursprünglichen Kontext gelöst sowie neue Methoden und Techniken etabliert, die in der Praxis erfolgreich angewendet werden konnten. Dazu zählen zum Beispiel Task Boards, Daily-Standup-Meetings oder User Stories.

> **Definition**
>
> **Task Boards:** Übersicht über aktuelle Aufgaben an einer Leinwand.
> **Daily-Standup-Meeting:** Tägliche Besprechung über Aktuelles im Stehen.
> **User Story:** Anwendungsfall aus Kundensicht in Geschichtsform und Bildern.
> **Timeboxing:** Feste Zeitvorgabe für eine Aufgabe.
> **Definition of Done:** Festlegung, wann eine Aufgabe erledigt ist.
> **Burn-Down-Chart:** Visualisierung des Arbeitsstandes.
> **Work-in-Progress-Limits:** Begrenzung von Parallelarbeit.

Mithilfe dieser Ansätze und Erfahrungen wurde das klassische Projektmanagement schrittweise zu einem agilen Zwilling weiterentwickelt. Beide Varianten werden heute eingesetzt (Tab. 3.1).

Obwohl das agile Arbeiten seine Heimat in der IT hat, kann es heute grundsätzlich in allen Unternehmensbereichen eingeführt werden. Das ist allerdings nicht überall sinnvoll. In Bereichen, die stark reguliert sind, wie zum Beispiel die Produktion in der Pharma- oder Automobilindustrie oder die Arbeitsprozesse in einem Krankenhaus, ist dies im Tagesgeschäft nicht immer einfach oder erwünscht. Allerdings ist in diesen Bereichen unter Umständen eine Nutzung agiler Methoden in Projekten hilfreich.

Grundsätzlich betrachtet stellt agiles Arbeiten den Menschen in seiner Interaktion in den Mittelpunkt. Diese Interaktion soll zu einem wertvollen Ergebnis beim Kunden führen. Dem Ansatz liegt sowohl ein positives Menschenbild zugrunde, als auch die Fähigkeit bzw. der Anspruch, **Gruppendenken** zu minimieren und zu vermeiden [3]. Gruppendenken ist dabei ein Phänomen, dem eine Gruppe von Menschen zum Opfer fällt, wenn sie Einmütigkeit und Konsens verfolgen. Dabei verlieren sie die Fähigkeit, alternative Lösungswege zu

Tab. 3.1 Klassisches vs. Agiles Projektmanagement

Klassisches Projektmanagement	Agiles Projektmanagement
Anforderungen zu Beginn scharf definiert	Anforderungen zu Beginn unscharf definiert
Änderungen von Anforderungen während Projektverlauf schwierig	Änderungen von Anforderungen während Projektverlauf leicht
Sequentieller Entwicklungsprozess	Iterativer Entwicklungsprozess
Anforderungen aus technischer Sicht	Anforderungen aus Kundensicht
Kunde sieht Endergebnis und ausgewählte Meilensteine	Kunde bewertet Zwischenergebnisse in systematischer Form
Große Teams möglich	Kleine Teams nötig
Projekthierarchie	Selbstorganisierte Teams
Selektive Verantwortung	Gemeinsame Verantwortung
Aufgaben von oben zuteilen	Aufgaben im Team übernehmen
Aufwandschätzung durch Projektleiter	Aufwandschätzung durch Team
Team Mitglieder arbeiten in vielen Projekten	Team Mitglieder arbeiten an einem Projekt
Viel Kommunikation über Dokumente und lange Meetings	Viel informelle Kommunikation und kurze Standup Meetings

suchen und zu finden. Gruppendenken führt zu Symptomen wie über-
zogenen Optimismus, dem Glauben, hohe moralische Standards zu ver-
treten und zu verteidigen, gemeinsame Stereotypen oder die Illusion
der Einstimmigkeit, d. h. die Gruppenmitglieder glauben, ohnehin alle
einer Meinung zu sein.

Agilität steht für das Hören und Ernstnehmen unterschiedlicher
Meinungen und Perspektiven, um die beste Lösung zu finden, heute
auch bekannt unter dem Schlagwort **Diversity** (Abb. 3.1).

Über Diversity gibt es viele ausgezeichnete Studien, Bücher und
Artikel. Das Thema kann hier nur angerissen werden. Diversity bezieht
sich auf ganz unterschiedliche Perspektiven wie z. B. Geschlecht, Herkunft, Alter oder auch Charakter. Obwohl das Thema Gender-Diversity
seit Jahren offiziell ganz oben auf der Agenda der Unternehmen steht,
kommt es vor allem im Top-Management nicht richtig vorwärts [4].
Auf der anderen Seite ist man in der Forschung und dem Verständnis von Diversity deutlich weitergekommen [5, 6, 18, 19, 20]. Dies
nutzen zum Beispiel globale Tech-Giganten, die mithilfe eines richtigen
Mix von Diversity, z. B. von Introvertierten und Extrovertierten, sehr
erfolgreich sind. Das zeigt sich im optimalen Fall in der gesamten
Organisation – von den Arbeitsteams bis in die Chefetagen.

> Agiles Arbeiten fördert und fordert Diversity.

Abb. 3.1 Diversity reduziert das Gruppendenken im Unternehmen

Diversity hat seinen Preis und ist in der Praxis oft anders als erwartet. Divers aufgestellte Teams zu führen, ist in der Regel anstrengender als homogene Teams eines einheitlichen Kulturkreises oder eines bestimmten Fachbereiches. Umberto Eco hat einmal gesagt [7]: *„Für jedes komplexe Problem gibt es eine einfache Lösung, und die ist die falsche."* Genau diese Philosophie führt zu mehr Diversity in einer VUCA-Welt, in der es immer mehr gilt, komplexe Fragestellungen zu lösen. Die einfachen Fragen wurden schon beantwortet. Homogene Teams stoßen deshalb immer öfter an ihre Grenzen. Daraus ergeben sich neue Kompetenzen für die Führungskräfte, die unterschiedliche Menschen, Perspektiven und Arten der Kommunikation unter einen Hut bringen müssen. Das kann zum Beispiel die Bedürfnisse und Motivationen der unterschiedlichen Generationen betreffen, die sich zurzeit gleichzeitig im Arbeitsleben befinden: Babyboomer (1946–1964), Generation X (1965–1980), Generation Y (1981–2000) und Generation Z (2001–2020). Nach gelungener Diskussion im Team gilt es, das Team und einzelne Player wieder an den gemeinsamen Zielen und gefällten Entscheidungen auszurichten. Unternehmen sind keine demokratischen Organisationen und im Rahmen des Entscheidungsprozesses ist es nicht Ziel, alle im Team glücklich zu machen, sondern die unternehmerisch richtige Entscheidung zu fällen und dann umzusetzen.

Der Aufwand zahlt sich vor allem langfristig aus, denn agile Teams können sich gemeinsam besser mit komplexen Kundenanforderungen auseinandersetzen und das „Kunden-Dilemma" auflösen, dass Kunden nämlich nicht immer ganz genau wissen, was sie wollen oder brauchen und dass unterschiedliche Kundengruppen andere Schwerpunkte setzen. Der Grund dafür liegt sowohl in unausgesprochenen, zum Teil unbewussten Erwartungen und kulturellen Hintergründen sowie auch den manchmal bahnbrechenden Entwicklungen von Technologien und Märkten.

3.2   Welche Methoden gibt es?

Im Laufe der Zeit wurden viele, unterschiedliche Methoden entwickelt, die heute für agiles Arbeiten stehen. Im Folgenden fokussieren wir uns auf fünf dieser Methoden.

1. Scrum
2. Design-Thinking
3. Kano-Modell
4. Lean-Startup
5. Business Model Generation

Diese Liste ist wie das ganze vorliegende Buch nicht vollständig. Auch die Differenzierung der Methoden untereinander ist nicht trennscharf. Es gibt weitere Methoden sowie Mischformen. Keine ist grundsätzlich besser als die andere. Vielmehr sind der Fokus und kulturelle Hintergrund unterschiedlich. Während Scrum seine Wurzeln in der IT-Branche besitzt, wurde Design-Thinking zuerst stark für die Entwicklung von Werkzeugen, Halbzeugen und IT-Equipment genutzt. Mittlerweile wird Design-Thinking in allen Industrien eingesetzt, in denen das Design eine wichtige Rolle spielt – von Haushaltsgeräten über die Automobilindustrie bis hin zur Architektur. Das Kano-Modell stammt aus dem Qualitätsmanagement, während Lean-Startup und Business Model Generation einen starken Hintergrund in der Gründerszene bzw. dem Aufbau neuer, innovativer Geschäfte hat. Weitere Informationen zu den Methoden finden sich zum Beispiel in [1, 3, 8, 9, 10, 13].

3.2.1 Scrum

Scrum ist ein etabliertes Rahmenmodell für agiles Projektmanagement, das viele Freiheiten einräumt, damit individuelle Rand- und Rahmenbedingungen berücksichtigt werden können [1]. Innerhalb von Scrum werden vor allem grundsätzliche Projektrollen und ein Prozessablauf vorgegeben.

Ein typisches Scrum-Projekt durchläuft die folgenden Phasen:

1. Kundenanforderungen sammeln
2. Iterationsplanung des Projektes mit dem Kunden festlegen
3. Teilmenge der Anforderungen für Iteration festlegen

4. Teilprojekt in Iteration entwickeln
5. Rückmeldung des Kunden zu Teilprojekt einholen
6. Planung gemäß Kundenrückmeldung anpassen
7. Re-Iteration von Punkt 3–6 bis Projektende

Das Scrum Vorgehensmodell integriert den Kunden explizit in die Projektabwicklung. Dies erfordert deutlich mehr inhaltliches und zeitliches Engagement des Kunden im Vergleich zum klassischen Projektmanagement. Gleichzeitig agieren die Teams mit großer Eigenverantwortung und viel Gestaltungsspielraum, sodass es nicht ungewöhnlich ist, dass einzelne Entwicklungsziele in den Iterationen abgesagt werden, weil das Team zusammen mit dem Kunden zu dem Schluss kommt, dass die Umsetzung aus zeitlichen oder inhaltlichen Gründen nicht umgesetzt werden kann oder sollte. Das ist vermutlich einer der großen Unterschiede zum spezifikationsgetriebenen Ansatz. Typische Begriffe aus der Scrum Welt sind

- Sprint: Steht für eine Iteration
- Scrum Master: Ist verantwortlich für die Einhaltung des Scrum Prozesses
- Product Owner: Ist verantwortlich für Anforderungen und Ergebnisnutzung
- Product Backlog: Produktspezifische Aufgaben und Anforderungen
- Sprint Backlog: Für den Sprint umzusetzenden Aufgaben und Anforderungen
- Review: Spezielles Meeting, um Rückmeldung zu aktueller Arbeit zu erhalten
- Retrospektive: Spezielles Meeting für Prozessverbesserungen

Die Scrum Methode beinhaltet auch wesentlichen Elemente der Qualitätssicherung und der kontinuierlichen Verbesserung. In der Praxis ist es entsprechend möglich und sogar empfehlenswert, wichtige Aspekte der Qualitätssicherung in die Umsetzung von Scrum zu integrieren. So können sich die manchmal als etwas langweilig wahrgenommenen Funktionen des Qualitätsmanagements weiter emanzipieren und ihre Reputation im Unternehmen verbessern.

3.2.2 Design-Thinking

Design-Thinking ist ein sehr etabliertes Vorgehensmodell für innovative Designprozesse mit dem Fokus, kreative Lösungen für komplexe Problemstellungen zu finden [3, 11].

Ein typisches Design-Thinking Projekt untersucht die folgenden drei Aspekte:

- **Wünschbarkeit:** Werden Bedürfnisse potenzieller Nutzer angesprochen?
- **Machbarkeit:** Ist die Innovationsidee technisch realisierbar?
- **Wirtschaftlichkeit:** Kann zu einem vernünftigen Preis verkauft werden?

Eine Idee kann dabei zu einer echten Innovation werden, wenn eine Schnittmenge zwischen diesen drei Grundfragen existiert. Design-Thinking stellt einen sehr pragmatischen Ansatz dar, in dem neue Lösungen und Innovationen durch Ausprobieren, Anwenden und Lernen im Team gefunden werden. Die Teams sind deshalb in der Regel interdisziplinär aufgestellt, sodass unterschiedliche Perspektiven durch das Team abgedeckt werden, z. B. indem eine Informatikerin, eine Meeresbiologin, ein Maschinenbauer und ein Kaufmann eine neue Lösung für wegeoptimiertes Einkaufen in einem großen Supermarkt entwickelt. Das klassische Beispiel für Design-Thinking ist die Entwicklung der Computermaus durch die Firma **IDEO.**

Ein typisches Design-Thinking-Projekt durchläuft in iterativer Form die folgenden Phasen:

1. Verstehen
2. Erforschen
3. Synthese
4. Ideenfindung
5. Prototypen
6. Testen
7. Re-Iteration von Punkt 1–6 bis zum Testende

Das Vorgehensmodell integriert den Kunden bzw. Nutzer implizit in die Projektabwicklung, in dem das Team die unterschiedlichen Perspektiven der Kunden einnimmt. Dies erfordert Empathie der Teamplayer, Interviewtechniken, Analyse der Marktdaten sowie viel Kreativität. Typische Begriffe sind

- **Brainstorming:** Prozess zum Finden und Formulieren möglichst vieler Ideen.
- **Storyboard:** Gesammelte Informationen werden zu einer Geschichte aus Sicht des Kunden bzw. Nutzers zusammengefasst und visualisiert.
- **Persona:** Beschreibt einen typischen Nutzer.
- **Zeitachse:** Prozessdarstellung der Produktnutzung in zeitlicher Abfolge.
- **Empathy-Map:** Darstellung der Gefühlswelt der Nutzer bezogen auf die unterschiedlichen Phasen der Produktnutzung.

Design-Thinking beinhaltet wesentliche Elemente von Kreativitätstechniken und Innovationsprozessen. Da unterschiedliche Ideen über Prototypen ausprobiert werden, kommen Materialien wie Papier, Lego-Steine und -Figuren, Holz, Styropor und Plastikbecher, Kisten, Pappen, Knete und Stellwände in unterschiedlicher Art und Weise zum Einsatz.

3.2.3 Kano-Modell

Das Kano-Modell [12], benannt nach Professor Noriaki Kano von der Tokyo University of Science, fokussiert auf den Kunden und das Kunden-Dilemma. Hier wird der Zusammenhang zwischen Kundenzufriedenheit und Erfüllung von Kundenanforderungen systematisch analysiert und gesteuert. Man unterscheidet dabei zwischen sogenannten Hygiene- und Motivationsfaktoren (Abb. 3.2). Eine Erfüllung der Hygienefaktoren dient zur Beseitigung der Unzufriedenheit, die jedoch nicht zur Kundenzufriedenheit führt. Letztere entsteht, wenn weitere Kriterien erfüllt werden.

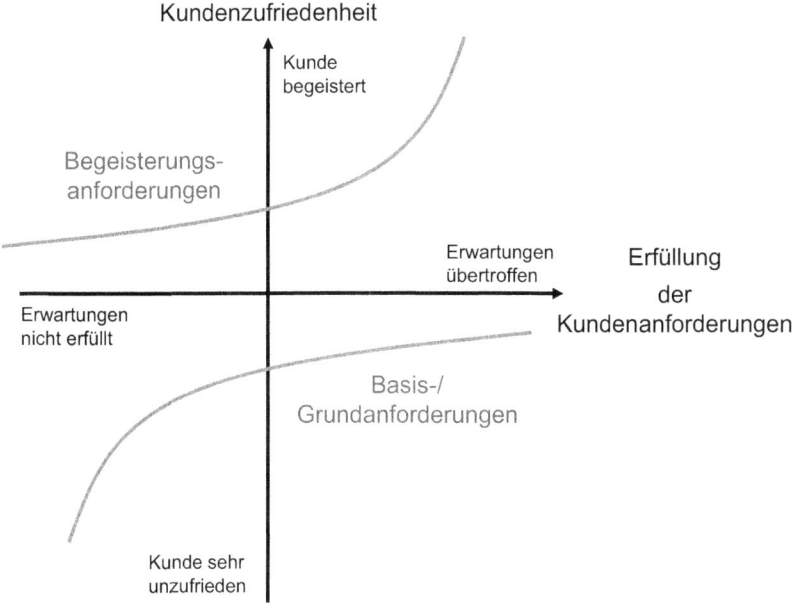

Abb. 3.2 Kundenzufriedenheit und Erfüllung der Erwartungen

Die Kundenanforderungen werden in drei Dimensionen dargestellt:

- **Basisanforderungen:** Muss-Kriterien, die sich aus ausgesprochenen und unausgesprochenen Bedürfnissen zusammensetzen.
- **Leistungsanforderungen:** Kann-Kriterien, die sich direkt proportional zur Kundenzufriedenheit auswirken. Sie werden typischerweise von Kunden genannt und durch Marktuntersuchungen und Interviewtechniken erhoben.
- **Begeisterungsanforderungen:** Kann-Kriterien, die sich überproportional zur Kundenzufriedenheit auswirken. Sie werden typischerweise nicht vom Kunden genannt und generieren bei Erfüllung echte Wettbewerbsvorteile.

Diese Darstellungen ist uns in der Regel als Konsumenten sehr vertraut und es gibt viele Beispiele, in denen Unternehmen die einzelnen Leistungsdimensionen verwechseln. Zum Beispiel im Bereich der Digitalisierung, d. h. bei der Vernetzung von Städten, Häusern sowie öffentlichen Einrichtungen und Unternehmen, werden Basis-anforderungen oft zu Leistungsanforderungen. Analoges gilt zum Bei-spiel für Anforderungen der Kunden und Konsumenten im Bereich Nachhaltigkeit oder Klimaschutz. Wichtig ist deshalb festzuhalten, dass sich die drei Dimensionen über die Zeit verändern: Begeisterungs-anforderungen von heute werden über die Zeit zu Leistungsan-forderungen und später zu Basisanforderungen.

Ein Schwerpunkt der Methode liegt in der sorgfältigen Abfrage der Kundenerwartungen auf Basis strukturierter Interviews. Dabei werden Fragen zu den Produkteigenschaften sowohl positiv (funktional) wie negativ (dysfunktional) gestellt. Der Kunde beantwortet diese ent-sprechend der folgenden Kategorien:

- Das würde mich sehr freuen
- Das setze ich voraus
- Das ist mir egal
- Das nehme ich gerade noch hin
- Das würde mich sehr stören

Die Kano-Methode beinhaltet sowohl wichtige Elemente des Customer-Relationship-Managements wie auch des Qualitätsmanagements und ist damit sehr mächtig, allerdings auch gleichzeitig sehr aufwendig. Da hier systematisch Daten erhoben werden, ist die Kano-Methode auch sehr wertvoll in Bezug auf datengetriebene Geschäftsmodelle.

Obwohl die Kano-Methode schon viele Jahre etabliert ist, wird sie hier als eine agile Methode mit aufgeführt, da sie einen starken Fokus auf der Kundenorientierung besitzt und sich mit Data Science Methoden in Zukunft ganz neue Möglichkeiten rund um die Fragen nach den Kundenerwartungen ergeben.

3.2.4 Lean-Startup

Lean-Startup ist ein sehr beliebtes Modell aus dem Silicon Valley, das sich stark am Gedankenmodell des Entrepreneurship und der

Innovation orientiert [13]. Dabei geht es vor allem darum, neue Produkt- oder Geschäftsideen schnell zu entwickeln und mit Kunden auszutesten. So wird aus kundennahen Experimenten gelernt und schrittweise ein neues und gleichzeitig erfolgreiches Produkt bzw. Geschäft entwickelt.

Die Lean-Startup-Methode folgt fünf Prinzipien:

1. **Entrepreneure arbeiten überall:** Entrepreneurship findet sich nicht nur in der Gründerszene, sondern in allen Organisationen, in denen Menschen neue Produkte oder Dienstleitungen unter großer Unsicherheit (weiter-) entwickeln. Deshalb gibt es Entrepreneurship quasi überall und die Lean-Startup-Methode kann auch überall angewandt werden.
2. **Entrepreneurship ist Management:** Ein Startup ist nicht nur ein Produkt, sondern steht auch für eine Organisationseinheit oder einen Bereich, der in einem Umfeld großer Unsicherheit arbeitet. Die zugehörige Form des Managements nennt man Entrepreneurship. Es zielt darauf ab, neues Wachstum auf Basis von Innovation zu generieren.
3. **Validiertes Lernen:** Neben der Entwicklung neuer Produkte und dem Generieren von neuen Werteflüssen haben Startups die Aufgabe zu lernen, wie nachhaltiges Geschäft entwickelt wird. Dieses Lernen wird mithilfe wissenschaftlicher Methoden validiert, indem systematisch Experimente durchgeführt werden, die unterschiedliche Teile der Geschäftsidee austesten.
4. **Bauen-Messen-Lernen:** Der Kern eines Startups besteht darin, Ideen in neue Produkte zu übersetzen, die erfolgreich im Markt sind. Dabei wird systematisch und objektiv das Kundenverhalten gemessen und analysiert, um daraus zu lernen. Dieser Feedback-Loop (Build-Measure-Learn) wird so schnell und effizient wie möglich aufgebaut und weiterentwickelt.
5. **Innovations-Buchhaltung:** Analog zur Finanzbuchhaltung wird eine spezielle Innovations-Buchhaltung etabliert, die den Fortschritt, das Erreichen von Meilensteinen, die Priorisierung und Verantwortlichkeiten bewirtschaftet.

Die grundlegende Philosophie ist, wie bei der Gründung eines neuen Unternehmens zu denken und zu handeln. Für Konzerne ist das ein vielversprechender Ansatz, um sich neu zu erfinden. Für kleine und mittelständische Unternehmen handelt es sich um einen natürlichen Ansatz, um innovativ zu sein und zu bleiben. Die Methode geht davon aus, dass jede neue Idee für eine Unternehmensgründung als unbewiesene Hypothese zu betrachten ist. Diese muss empirisch validiert werden. Dabei wird die Validierung schnell und kostengünstig durchgeführt, weshalb man von „lean" spricht (engl. schlank, kurz). Ein zentrales Element ist die Umsetzung des vierten Prinzips **Bauen-Messen-Lernen** (Abb. 3.3).

Das Vorgehensmodell integriert den Kunden explizit in den Prozess – und zwar kontinuierlich. Dies erfordert starkes inhaltliches wie auch zeitliches Engagement der Kunden. Typische Begriffe bei der Anwendung der Methode sind.

- **Minimal Viable Product (MVP):** Dieses Produkt enthält im Wesentlichen die Merkmale, die getestet werden sollen. Unter Umständen handelt es sich um eine reine Papierversion. Das MVP soll nach entsprechenden Vorgaben im Experiment getestet werden und muss nicht schön oder ansprechend sein.
- **Fail fast, fail early, fail cheap:** Auf Basis der Interaktion mit Kunden werden MVPs getestet, ausprobiert und auch verworfen. Dieser Prozess soll schnell, gezielt, frühzeitig und kostengünstig umgesetzt werden.

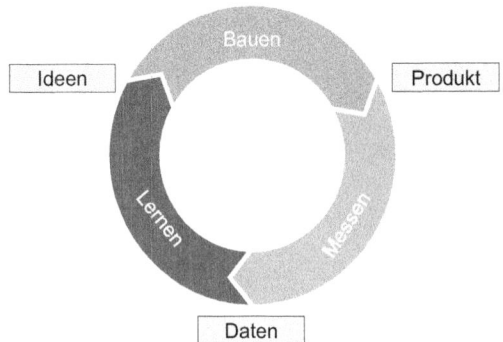

Abb. 3.3 Bauen-Messen-Lernen

- **Get out of the building:** Hypothesen werden durch Anwendung beim Kunden und Rückmeldung von Kunden getestet. Entrepreneure müssen „das eigene Haus verlassen", um ihre Experimente auszuführen.

Lean-Startup beinhaltet wesentliche Elemente des Entrepreneurships und des Innovations-Managements. Dabei steht die Etablierung des Prozesses im Vordergrund. Dem Mythos eines großen Innovators oder Unternehmenslenkers wird eine Absage erteilt. Teamarbeit und Diversity stehen im Vordergrund.

3.2.5 Business Model Generation

Geschäftsmodelle zu entwickeln, anzupassen und zu analysieren ist in der Finanz- und Geschäftswelt Tagesgeschäft. Business Model Generation oder manchmal auch Business Model Innovation genannt hat dem Thema mithilfe eines Community-Ansatzes zu neuer Dynamik verholfen und fokussiert mit seinem Ansatz auf das Wesentliche [10]. Über 480 Experten haben daran mitgearbeitet. Die Grundidee besteht darin, dass ein Geschäftsmodell die Rationale erklärt, wie Unternehmen Werte generieren, liefern und halten.

> Ein typischer Business Modell Generation Ansatz beinhaltet die folgenden neun Building Blocks:
>
> - **Customer Segments:** Welche Kundensegmente werden bedient?
> - **Value Propositions:** Welche Kundenbedürfnisse werden befriedigt?
> - **Channels:** Wie werden die Value Propositions geliefert?
> - **Customer:** Wie wird die Kundenbeziehung aufgebaut?
> - **Revenue Streams:** Wie werden die Einnahmequellen angeboten?
> - **Key Resources:** Was sind die notwendigen Schlüsselressourcen?
> - **Key Activities:** Was sind die notwendigen Schlüsselaktivitäten?
> - **Key Partnerships:** Was sind die Schlüsselpartnerschaften?
> - **Cost Structure:** Was sind die Kostenstrukturen des Geschäftsmodells?

Der Business-Model-Canvas ist ein mächtiges Werkzeug, um bestehende oder neue Geschäftsmodelle zu entwickeln und zum Beispiel neue digitale Aspekte zu integrieren. Es stellt einen sehr systematischen und anspruchsvollen Ansatz dar, der von den Mitarbeitern bzw. dem Team äußerste Disziplin, Durchhaltevermögen und Vertrauen fordert. Da ein Geschäftsmodell ganzheitlich entwickelt wird, sind die Teams interdisziplinär aufgestellt und decken alle wichtigen Funktionen eines Unternehmens ab. Dabei sollte die Unternehmensführung auch Teil des Projektes sein und so in angemessener Form integriert werden.

Ein typisches Business-Model-Canvas-Projekt durchläuft die folgenden fünf Phasen:

1. **Mobilize:** Vorarbeiten und Vorbereitung inkl. Story für das Projekt
2. **Understand:** Analyse relevanter Daten. Aufbau von Wissen rund um Kunden, Märkte, Technologien, Wettbewerb und Trends.
3. **Design:**Transformation des Wissens in Prototypen von Geschäftsmodellen, die getestet werden. Auswahl der vielversprechenden Geschäftsmodelle.
4. **Implement:** Realisierung der ausgesuchten Geschäftsmodelle.
5. **Manage:** Einführung und Anpassung der Geschäftsmodelle und zugehörigen Management Strukturen. Kontinuierliche Weiterentwicklung an den Märkten.

Da ein Geschäftsmodell als Ganzes entwickelt wird, benötigen die Teams strategische Fähigkeiten sowie ein exzellentes Verständnis der Marktentwicklung, typischerweise auf Basis von Daten und Interviews mit Kunden. Folgende Begriffe werden bei der Anwendung der Methoden benutzt:

- **Business-Model-Canvas:** Einheitliche Sprache und Visualisierung von Geschäftsmodellen. Typische Elemente dafür sind die neun Building Blocks.
- **Patterns:** Ähnliche Charaktereigenschaften von Geschäftsmodellen, z. B. offene, freie, gebundene bzw. ungebundene, Nischen-orientierte etc.

- **Empathy Map:** Spezielle Kundenperspektive auf emotionaler Ebene. Typische Fragen der Form „Was sehen, hören, denken, fühlen, sagen die Kunden?" werden auf emotionaler Ebene beantwortet.
- **Visual Thinking:** Zur Visualisierung wird mit Postern und Stickern gearbeitet.
- **Storytelling:** Zum Testen der Relevanz und zur Kommunikation wird eine griffige Story entwickelt.

Business-Modell-Canvas beinhaltet Elemente von Entrepreneurship und Innovation, die zu einem oder mehreren Prototypen führen, die dann im Markt und mit Kunden ausprobiert werden. Dies kann sowohl zu evolutionären wie auch disruptiven Veränderungen im Markt führen. Die Einführung von iTunes durch **Apple** oder Plattformen von **AirBnB, Uber** oder **Amazon** sind klassische Beispiele dafür.

3.3 Wie sieht eine erfolgreiche Einführung aus?

In der Praxis wirklich agiler zu werden, ist das Ergebnis von harter Arbeit und professionellem Change-Management. Im Folgenden wollen wir nicht im Detail auf die besondere Welt des Change-Managements eingehen, sondern weiter auf die besonderen Aspekte der Agilität fokussieren. Dennoch seien an dieser Stelle drei zentrale Elemente einer erfolgreichen Veränderung hin zu mehr Agilität genannt.

Kommunizieren:	Die echte Veränderung sichtbar machen!
Integrieren:	Kunden, Mitarbeiter und Management einbeziehen!
Verankern:	Agiles Arbeiten als Teil der Kultur festschreiben!

Klarerweise sind es diese drei Aspekte, die in der Umsetzung eine dauerhafte Wirkung und echte Veränderung garantieren. Typische Anzeichen für mehr agiles Arbeiten sind das zunehmende Denken und Handeln in User Stories, der Austausch über Sprints sowie die Nutzung von Time Boxing. Ferner verändert sich das Führungsverhalten des Managements sowie schrittweise die Führungsmannschaft, die in der agilen Welt deutlich diverser in Kultur, Geschlecht und Denkmustern aufgestellt ist.

Wenn agiles Arbeiten im Unternehmen erfolgreich umgesetzt wird, dann steigt die …

- Selbstorganisation und das Empowerment der Mitarbeiter.
- Interaktion und Kommunikation mit alten und neuen Kunden.
- Kunden- und Mitarbeiterzufriedenheit.
- Datenmenge, die Daten-Analysen und die Daten-Nutzung.

Darüber hinaus werden spezielle Werkzeuge benutzt, um fokussiert an bestimmten Arbeitspaketen zu arbeiten und den Fortschritt zu visualisieren sowie sich im Team über Zahlen, Daten und Fakten auszutauschen. Ein Beispiel dafür ist **Kanban,** der japanische Begriff für Signalkarte (Tab. 3.2). Die Methode kommt ursprünglich aus dem Produktionssystem von **Toyota.** Kanban Boards werden typischerweise in Teambesprechungen eingesetzt, um aktuelle Bearbeitungszustände darzustellen und die Planung im Team zu besprechen. Typische Zustände von Aufgaben sind z. B. „Noch zu erledigen, in Bearbeitung" oder „Erledigt". Mithilfe von Notizzetteln werden die Aufgaben besprochen und entsprechend ihrem Status auf das Board geklebt. So werden ein Gesamtprojekt, sein aktueller Zustand sowie konkrete Barrieren sichtbar gemacht und im Team thematisiert. Kanban Boards werden je nach Industrie und Unternehmen erweitert – der Zweck heiligt die Mittel. Es ist bemerkenswert, dass sich in Zeiten der Digitalisierung ein solcher oft analog umgesetzter Ansatz zunehmender Beliebtheit erfreut, um Arbeiten im Team abzustimmen, anzupassen und zu verbessern.

Teams versammeln sich entsprechend um das Board, besprechen sich und lassen die Boards bewusst offenstehen. Diese Umsetzungsform schafft nicht nur im Team selbst Transparenz und Offenheit, sondern auch nach außen. Das schafft Vertrauen.

Tab. 3.2 Typischer Kanban aus der IT

Teams	Backlog	Bereit	Entwickeln	Testen	Release	Erledigt
Team 1						
Team 2						
Team 3						
Team …						

Analog arbeitet die Geschäftsmodellierung mit einem **Canvas** (engl. Leinwand), auf dem Schlüsselelemente festgehalten werden wie Partner, Aktivitäten, Ressourcen, Kundenbeziehungen, Kundensegmente, Kostenstrukturen, Einnahmequellen, Wertangebote und Kanäle. Diese Leinwände sind direkt als fertige Poster oder Wandtafeln zu kaufen. Auch hier unterstützt das Format die Interaktion im Team und fokussiert den Dialog auf wesentliche Elemente eines Geschäftsmodells.

Eine weitere Methode, die auch in großen Gruppen eingesetzt wird, sind **Open Spaces** (engl. offener Raum). Mit dieser Methode werden große, oft heterogene Gruppen moderiert. Dabei werden in der Regel relevante Themen in einem Plenum in den Raum gestellt und vordiskutiert, um dann im nächsten Schritt in Arbeitsgruppen weiter vertieft zu werden. Am Ende stehen erste konkrete Projektvorschläge und Maßnahmen, die später fundiert ausgearbeitet werden. Der Open Space Ansatz eignet sich vor allem dann, wenn für neue und komplexe Themen mit unterschiedlichen Stakeholdern eine erste Struktur und ein zugehöriges Projekt Portfolio entstehen soll, das nicht vom Himmel fällt, sondern gemeinsam und offen erarbeitet wird. Dabei kommt dem Management der Infrastruktur eine besondere Bedeutung zu, da Open Spaces in kürzester Zeit eine ganze Reihe neuer Ideen und konkreter Maßnahmen generieren können.

Beispiel CleanTechNRW

Führende Unternehmen, Universitäten und Institute aus Nordrhein-Westfalen hatten es sich zum Ziel gesetzt, gemeinsam neue Technologien für mehr Klimaschutz zu entwickeln. Im Zusammenspiel von Chemie- und Stahlindustrie sowie der Energiewirtschaft und der Biotechnologie sollten industrieübergreifende Rohstoffketten entstehen. Die Grundidee war mit relevanten Stakeholdern besprochen, aber wie konnte es nun gelingen, die vielen dominanten Persönlichkeiten und die unterschiedlichen Fachthemen unter einen Hut zu bringen? – In einem Open Space Ansatz wurden verkehrstechnisch günstige Veranstaltungsorte gebucht, um die richtigen Rand- und Rahmenbedingungen zu schaffen. Den Auftakt bildeten dann Impulsvorträge ausgewiesener Fachleute im Plenum, die mittels eines Moderators zu Themenblöcken zusammengefasst wurden. In einem nächsten Schritt vertieften spontan gebildete Arbeitsgruppen direkt vor Ort die Diskussion und erarbeiteten konkrete Projektvorschläge. Den Abschluss bildete eine spannende Abendveranstaltung, die im Gedächtnis blieb und ein Wir-Gefühl erzeugte. So entstand in nur drei Veranstaltungen das Innovationscluster CleanTechNRW.

Deutlich gezielter vorbereitet werden **Hackathons,** benannt nach einer Wortschöpfung aus „Hack" und „Marathon". Dabei handelt es sich in der Regel um eine Veranstaltung zur gemeinsamen Entwicklung einer Lösung zu einer vorgegebenen **Challenge** (engl. Herausforderung). Ziel eines Hackathons ist es, in einem festgelegten Zeitraum und in einem divers aufgestellten Team nützliche, kreative oder unterhaltsame Lösungen zu finden und am Ende zu präsentieren. Die Teilnehmer eines Hackathons kommen üblicherweise aus unterschiedlichen Funktionen, Industrien und Organisationen. Ein Hackathon soll kreative und neue Lösungsideen generieren und auch Spaß machen. Hackathons werden gerne genutzt, um auf neue Ideen zu kommen, interessante Personen und Spezialisten kennenzulernen und Werbung in Fachkreisen für sich selbst zu machen.

Eine zusätzliche Stoßrichtung zur erfolgreichen Einführung agiler Methoden ist die Formulierung von **Work Rules** (engl. Arbeitsregeln). Work Rules fassen die gewünschte Haltung und übergeordnete Verhaltensweisen in Worte und geben so die Rand- und Rahmenbedingungen vor, die es braucht, damit agiles Arbeiten im Unternehmen gelingen kann.

Beispiel Google

Google hat beispielsweise folgende Regeln aufgestellt[1] [14]:

1. „Gib Deiner Arbeit einen Sinn.
2. Vertraue Deinen Mitarbeitern.
3. Stelle nur Menschen ein, die besser sind als Du.
4. Verwechsle nicht Leistungsentwicklung mit dem Managen von Leistung.
5. Fokussiere auf die beiden Enden: Identifiziere Deine besten und schlechtesten Mitarbeiter. Verstehe ihre Position. Kümmere Dich um beide.
6. Sei sparsam und großzügig.

---

[1] Mit freundlicher Genehmigung von Laszlo Bock und John Murray Press, an imprint of Hodder & Stoughton UK Limited. All Rights Reserved.

7. Zahle unfair.
8. Nudge (engl. „stoße sanft an", gib sanfte Impulse zum Lernen/Verbessern).
9. Manage wachsende Erwartungen.
10. Genieße! Und starte dann wieder mit Punkt 1."

Ähnliche Regeln oder Beschreibungen der angestrebten Unternehmenskultur nutzen viele Unternehmen – auch um agiles Arbeiten in die Praxis umzusetzen. Sie sind sehr hilfreich, um eine neue Kultur zu entwickeln und eine neue und konsistente Wertebasis zu schaffen. Erfolgreich sind sie vor allem dann, wenn sie für das ganze Unternehmen gelten und so für echte Veränderung auf allen Ebenen stehen.

Beispiel Dräger

Die Firma **Dräger,** ein Hidden Champion mit seiner Zentrale in Lübeck, verfolgt einen ähnlichen Ansatz und positioniert sich und seine Werte zum Beispiel entsprechend der folgenden Arbeitsregeln[2] [15]:

- „Unsere Arbeit hat einen tiefen Sinn: Wir setzen uns dafür ein, dass aus Technik ›Technik für das Leben‹ entsteht. Dieses Ziel spornt uns zu höchsten Leistungen an. Darauf können wir stolz sein.
- Unsere Mitarbeiter stärken den Charakter unseres Familienunternehmens. Ihre Persönlichkeit und ihre Einstellung zu unseren Wertvorstellungen sind entscheidend für die Zukunft unseres Unternehmens.
- Marke und Marktposition sind für uns wichtige Werte. Deshalb zahlt unser tägliches Handeln darauf ein: Wir gehen verantwortungsvoll mit Kunden, Mitarbeitern und der Umwelt um. Unsere Geschäfts- und Verhaltensgrundsätze geben uns dabei Orientierung."

Dabei findet sich auch der folgende Anspruch zum Thema Anpassungsfähigkeit: „Wir lassen nicht zu, dass ... irgendetwas oder irgendjemand unsere Veränderungsfähigkeit einschränkt. Wir müssen veränderungsfähig sein, um auch in Zukunft erfolgreich bestehen zu können."

---

[2] Mit freundlicher Genehmigung der Drägerwerke AG & Co. KGaA. All Rights Reserved.

Einige Unternehmen gehen einen Schritt weiter und wollen die eigene Fähigkeit ausbauen, Kontakte zu knüpfen, Fachwissen zu teilen und gemeinsam Verbesserungen umzusetzen. Bryce Williams hat dazu die Idee des **Working Out Loud** (WoL) entwickelt [16]. Die Methode adressiert, dass es nicht mehr nur darum geht, seine Arbeit zu erledigen, sondern auch darum, andere daran teilhaben zu lassen. Gemäß der Formel

Working Out Loud = Observable Work + Narrating Your Work.

wird über die Arbeit und die Arbeitsergebnisse im Unternehmen erzählt und Wissen geteilt. In Summe wird so das Lernen als Organisation stimuliert und die Nutzung **sozialer Netzwerke** und digitaler **Kollaborationsplattformen** aktiv gestaltet und forciert. Die Methoden zielt also auf einen kulturellen Paradigmenwechsel, sodass Wissen nicht mehr nur gesammelt, sondern auch bereitwillig geteilt wird.

Übersicht

John Stepper entwickelte die Methode weiter und formulierte fünf WoL Prinzipien [17]:

1.	Relationships	(Beziehungen)
2.	Generosity	(Großzügigkeit)
3.	Visible Work	(Sichtbare Arbeit)
4.	Purposeful Discovery	(Zielgerichtetes Entdecken)
5.	Growth Mindset	(Wachstumsorientierte Einstellung)

Unternehmen und Mitarbeiter werden so systematisch in die Lage versetzt, ihre eigenen Fähigkeiten zu verbessern, d. h. zu lernen, ein neues Thema zu entdecken und ein ganz bestimmtes Ziel zu erreichen. Gerade für große Konzerne ist diese Methode hilfreich, um das Rad nicht immer neu zu erfinden oder auch den Herausforderungen demographischer Entwicklungen zu begegnen. So ist es nicht verwunderlich, dass sich bekannte Firmen wie **Bosch, Pfizer, Deutsche Bahn, Vodafone, Daimler** oder **Merck** unter den Anwendern finden.

Es liegt auf der Hand, Work Rules im Unternehmen mit der WoL-Methode zu kombinieren.

Beispiel Miele

So nutzt zum Beispiel die Firma **Miele** die folgenden zwölf Arbeitsregeln:

1. Schärfe Deine Aufmerksamkeit.
2. Biete deine ersten Beiträge an.
3. Mach drei kleine Schritte.
4. Erlange Aufmerksamkeit.
5. Mach es persönlich.
6. Werde sichtbar.
7. Sei zielgerichtet.
8. Mach es zur Gewohnheit.
9. Entwickle mehr eigenständige Beiträge.
10. Werde systematischer.
11. Stelle dir die Möglichkeiten vor.
12. Reflektiere und feiere.

Es folgt, dass der bewusste Einsatz sozialer Medien und Plattformen wie **LinkedIn, Xing, Twitter, YouTube** oder **TED Talks** schnell zu einem strategischen Teil der eigenen Arbeit wird. So steigt die Sichtbarkeit des Unternehmens und der Unternehmensmarke intern wie extern. Das führt langfristig zu einer Wertsteigerung und höheren Attraktivität im Markt, sofern die Kommunikation gut gemacht und unterm Strich stimmig ist. Mitarbeiter und Führungskräfte teilen, was sie bewegt, wofür sie stehen oder wen sie gerade suchen. So geben sie dem Unternehmen ein Gesicht.

3.4 Zusammenfassung Kapitel 3

Agile Methoden erhöhen die Schnelligkeit und Zielgenauigkeit der Arbeiten im Unternehmen. Ursprünglich wurde agiles Arbeiten als neue, moderne Arbeitsform in der IT formuliert. Dabei wurden der Kunde und seine Wertschöpfung in den Mittelpunkt der Arbeiten gestellt. Über die Zeit hat man sich vom IT-Kontext gelöst. Heute existieren unterschiedliche agile Methoden, die weltweit in allen Industrien eingesetzt werden. Typische Methoden sind Scrum, Design-Thinking, Kano, Lean-Startup und Business Model Generation. Die Methoden nutzen unterschiedliche Werkzeuge, um den Arbeitsfortschritt zu visualisieren; eine davon ist Kanban. Darüber hinaus kommen zum Beispiel Methoden wie Open Spaces, Hackathons oder Working Out Loud zum Einsatz, um neue Themen in einem offenen Format und in größeren Gruppen anzugehen. Ferner helfen Arbeitsregeln, den oft erforderlichen Kulturwandel zu unterstützen und agiles Arbeiten im Tagesgeschäft des Unternehmens zu verankern.

3.5   Checkliste Kapitel 3

1. Wie lange dauern Projekte in Ihrem Unternehmen? Gibt es neue Ansätze, die Projektlaufzeit zu verkürzen?
2. Wie steht es um das Thema Diversity in Ihrem Unternehmen? Wie viele unterschiedliche Sprachen werden gesprochen? Wie viele unterschiedliche Generationen sind in Ihrem Team? Wie viele Frauen sind in Führungspositionen? Wie tolerant wird mit unterschiedlichen Meinungen und Perspektiven umgegangen? Wie werden leise Menschen in Diskussionen und Entscheidungen eingebunden?
3. Welche agilen Methoden kennen Sie aus Ihrer Praxis? Wie erfolgreich war die Anwendung?
4. Welche agilen Methoden favorisieren Sie für Ihr Unternehmen? Warum?
5. Welche Erfahrungen haben Sie mit Change-Management gemacht? Was ist Ihnen besonders wichtig, wenn es um Veränderungen in Ihrem Unternehmen und Arbeitsumfeld geht?
6. Wie ist die Mitarbeiterzufriedenheit in Ihrem Unternehmen? Was wird unternommen, um diese zu verbessern? Wie ist die Mitarbeiterzufriedenheit in Ihrem Team?
7. Haben Sie Arbeitsregeln und Werte im Unternehmen? Wie werden diese kommuniziert? Welcher Anspruch wird erhoben? Welche Rolle spielen Führungskräfte und Mitarbeiter bei der Umsetzung?

Literatur

1. Sutherland, J. (2014). *Scrum. The art of doing twice the work in half the time*. Penguin Random House.
2. Agiles Manifest. https://agilemanifesto.org/.
3. Scheller, T. (2017). *Auf dem Weg zur agilen Organisation. Wie Sie Ihr Unternehmen dynamischer, flexibler und leistungsfähiger gestalten*. Vahlen.
4. Bierach, B., & Thorborg, H. (2006). *Oben Ohne. Warum es keine Frauen in unseren Chefetagen gibt*. Econ.
5. Cain, S. (2011). *Still. Die Bedeutung von Introvertierten in einer lauten Welt*. Riemann.
6. Duckworth, A. L. (2016). *Grit. The power of passion and perseverance*. Scribner.
7. Eco, U. (1992). *Das Foucaultsche Pendel*. dtv Verlagsgesellschaft.
8. Denning, S. (2018). *The age of agile. How smart companies are transforming the way work gets done*. AMACOM.
9. Gassmann, O., Frankenberger, K., & Csik, M. (2013). *Geschäftsmodelle entwickeln. 55 innovative Konzepte mit dem St Galler Business Model Navigator*. Hanser.
10. Osterwalder, A., & Pigneur, Y. (2010). *Business model generation*. Wiley.
11. Lewrick, M., Link, P., Leiffer, L., & Langensand, N. (2017). *Das Design Thinking Playbook*. Vahlen.
12. Kano, N., Seraku, N., Takahashi, F., & Tsuji, S.-I. (1984). Attractive quality and must-be quality. *Journal of the Japanese Society for Quality Control, 14*(2), 147–156.
13. Reiss, E. (2011). *The lean startup. How constant innovation creates radically successful businesses*. Penguin Random House.
14. Bock, L. (2015). *Work Rules. Insights from Google that will transform how you live and lead*. John Murray.
15. Draeger. https://www.draeger.com/de_career/Home/karriereblog/2019/01-digital-transformation.
16. Williams, B. When will we Work Out Loud? Soon! https://thebryceswrite.com/2010/11/29/when-will-we-work-out-loud-soon/.
17. Stepper, J. (2020). *Working Out Loud: Wie Sie Ihre Selbstwirksamkeit stärken und Ihre Karriere und Ihr Leben nach eigenen Vorstellungen gestalten*. Vahlen.

18. Dweck, C. S. (2006). *Mindset. Changing the way you think to fulfill your potential.* Random House.
19. Löhken, S. (2014). *Intros und Extros. Wie sie miteinander umgehen und voneinander profitieren.* GABAL: Offenbach.
20. Löhken, S. (2012). *Leise Menschen – Starke Wirkung. Wie Sie Präsenz zeigen und Gehör finden.* GABAL.

4

Agile Teams und ihre Erfolgsfaktoren

Ein spezieller Kunde war sehr unzufrieden und ließ keine Gelegenheit aus, dies lautstark jeden wissen zu lassen. Das gesamte Unternehmen wusste Bescheid. Meine Kolleginnen und Kollegen waren darüber sehr unglücklich. Die Angelegenheit drohte immer emotionaler zu werden, weil unser Kunde unsere Perspektive nicht akzeptierte, nicht zuhörte und an allem herummeckerte. Das war zumindest unsere Wahrnehmung. Ich selbst war auch sehr unzufrieden, weil jede Veränderung uns vielleicht inhaltlich voranbringen würde, allerdings glaubte ich nicht mehr daran, dass unser Kunde aufhören würde, sich lautstark zu beklagen. Es schien schon zu einer Routine geworden zu sein. Dann machte das Team den Vorschlag, zusammen mit der Abteilung unseres Kunden eine Dev/Ops-Organisation zu gründen, d. h. eine kombinierte Organisation aus Kunde und Service-Bereich, die täglich in einem Raum zusammenarbeitet und Entwicklung und Betrieb gleichzeitig und in kurzen Zyklen sicherstellt. Gesagt, getan. Der Erfolg ließ nicht lange auf sich warten. Unser Kunde rief mich nach drei Monaten an, um sich persönlich für diese Lösung und den Fortschritt zu bedanken. Das fand ich klasse.

© Der/die Autor(en), exklusiv lizenziert durch Springer-Verlag GmbH, DE, ein Teil von Springer Nature 2021
I. Gaida, *Agiles Arbeiten in der Praxis,* https://doi.org/10.1007/978-3-662-63965-8_4

4.1 Was macht agile Teams erfolgreich?

Was wäre, wenn … Sie morgen bei der Arbeit in einer großen Runde erklären sollen, was genau das Erfolgsmodell agiler Teams ist? Was ist die USP, also die Unique Selling Proposition? Zur Beantwortung hilft es, Analogien aus dem Sport oder der Musik zu Rate zu ziehen. Erfolgreiche Sportmannschaften, zum Beispiel beim Handball, Basketball, Fußball, Rudern oder Volleyball, also einer Mannschaftssportart, bieten wichtige Anhaltspunkte, wie gemeinsames Training, gegenseitiges Vertrauen – auch in schwierigen Situationen – oder die Nutzung neuer Techniken und Taktiken ein Spitzenteam ausmachen. Ferner ist Diversity Teil jeder Mannschaftssportart, denn es gilt, sowohl im Angriff wie im Aufbau und der Abwehr exzellent zu sein, wenn man ganz vorne mitspielen will. Nicht jeder Sportler kann alles gleich gut, weshalb unterschiedliche Player vor allem im Zusammenspiel einen Unterschied machen. So kann aus mittelmäßigen Einzelsportlern ein Spitzenteam entstehen – oder aus exzellenten Einzelsportlern ein mittelmäßiges oder sogar schlechtes Team [1]. Weitere Analogien bietet die Musik. Orchester, Musikgruppen, Chöre und Bands müssen zueinander finden und erste gemeinsame Proben und Konzerte sind in der Regel schrecklich anzuhören, auch wenn jeder einzelne Musiker sein eigenes Instrument perfekt beherrscht. Kontinuität und Durchhaltevermögen sowie gemeinsames Üben und Lernen sind Schlüsseleigenschaften erfolgreicher Musikgruppen. Und mögen auch manchmal Einzelpersonen ein wenig herausragen [2], generell gilt:

Der Star ist das Team.

Dabei arbeitet das Team zur Entwicklung und Verbesserung seiner Fähigkeiten und Motivation mit Trainern, Coaches und integriert mentale wie körperliche Fitness und Gesundheit in ein Gesamtsystem, das für dieses Team mit seinen speziellen Zielsetzungen passt.

Erfolgreiche Teams sind vor allem stark in

- Vertrauen schaffen und gemeinsame Ziele verfolgen
- Zusammenarbeiten, lernen und kontinuierlich wachsen
- Neue Technologien, Techniken und Taktiken ausprobieren und nutzen
- Unterschiedliche Perspektiven abdecken und Aufgaben parallel erledigen
- Ergebnisse verstehen, Erfolge feiern sowie achtsam und beharrlich sein

Aber wie kommt es dazu? Im Folgenden soll ein einfaches Bild skizziert werden, das zeigt, wie erfolgreiche Teams ein System bestehend aus unterschiedlichen Ebenen bzw. Dimensionen aufbauen, um in Summe erfolgreich zu sein (Abb. 4.1). Alle Ebenen müssen entwickelt und für die jeweilige Ausrichtung des Teams optimiert werden.

Die Basis bilden eine gemeinsame Kultur und gemeinsame Werte, sodass eine starke Vertrauensbasis erwächst (**Culture, Values, Trust**). Auf dieser Basis wird die gemeinsame Sinnstiftung der Arbeit formuliert (Purpose). Diese vier Aspekte legen den Grundstein für die zukünftige Zusammenarbeit und den Erfolg. Wenn sie geteilt und gemeinsam verfolgt werden, ergibt sich eine innere Motivation der einzelnen Teamplayer.

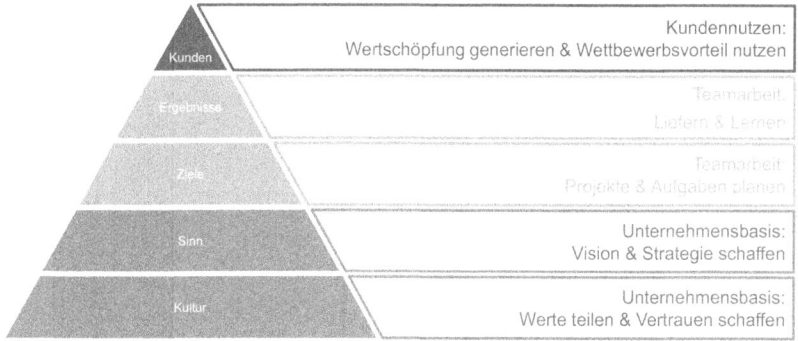

Abb. 4.1 Ebenenmodell erfolgreicher Teams

Darauf aufbauend arbeitet das agile Team täglich eng zusammen und definiert zusammen mit dem Kunden die operativen Ziele (**Targets, Tasks, Sprints**). Der Kunde wird dabei so weit wie möglich integriert. Im optimalen Fall wird er Teil des Teams. In der konkreten Umsetzung lernt das Team gemeinsam und wächst daran. So entwickelt das Team ein gemeinsames Mindset, das optimaler Weise ein sogenanntes Growth Mindset ist [3]. Die Ziele, Aufgaben und Arbeiten leiten sich konsequenterweise aus der Vision, Mission und der Strategie sowie dem zugehörigen strategischen Projekt Portfolio ab. Die Sinnstiftung und Strategie sind an dieser Stelle von fundamentaler Bedeutung, da sie Treiber für eine innere Motivation des Teams sind – jenseits finanzieller Aspekte. Wenn diese Ebene ganz fehlt, entstehen „Beutegemein-schaften" und ein System aus „Befehl-und-Gehorsam", das natürlich auch erfolgreich arbeiten kann. Allerdings kann man argumentieren, dass die Innovationskraft und die Mitarbeiterzufriedenheit in einem solchen System schlechter ist als in einem Gesamtsystem, welches die innere Motivation der Mitarbeiter anregt und stimuliert. Es reicht dabei nicht, den Sinn eines Unternehmens und daraus abgeleitet eine Vision und Strategie etc. zu formulieren. Die Mitarbeiter müssen dies in ihrem täglichen Arbeiten sehen und spüren. Dann entsteht eine Motivation, die zusammen mit den Kompetenzen enorme Leistung entfacht.

Zwei Aspekte zeichnen agile Teams besonders aus. Auf der einen Seite werden neue Technologien, Techniken und auch Taktiken ausprobiert und bewusst in Experimenten getestet. Auf der anderen Seite wird ein Spitzenteam divers aufgestellt, sodass unterschiedliche und relevante Perspektiven gleichzeitig bearbeitet und erledigt werden. Dabei werden die Rand- und Rahmenbedingungen systematisch analysiert und optimiert sowie Barrieren und Störfaktoren beseitigt oder zumindest minimiert. Dafür findet ein kontinuierlicher und ehrlicher Dialog mit der Führung statt.

> Agile Teams finden exzellente Wege, wie sie innerhalb des Teams wie auch mit der Führung und den Kunden Konflikte austragen und lösen können.

Konflikte sind in diesem Verständnis erst einmal etwas Gutes. Sie zeigen, dass das Team um die beste Lösung ringt. Entsprechend muss das Team lernen, Konflikte auszutragen und intelligent zu verhandeln, damit es wirklich neue und bessere Arbeitsergebnisse abliefern kann. Genau an dieser Stelle entstehen echte Wettbewerbsvorteile, die das Unternehmen im Markt differenziert und die dem Kunden zur Wertschöpfung dienen. Im Unterschied zu klassischen Management-Ansätzen werden der Kunde und seine Wertschöpfung auf allen Ebenen einbezogen und nach Möglichkeit integriert. Das erhöht die Erfolgswahrscheinlichkeit in einer sich schnell verändernden Welt.

Darüber hinaus arbeiten agile Teams intensiv daran, ihre Ergebnisse – Erfolge wie Misserfolge – zu verstehen. Dabei werden sowohl der Weg dorthin wie auch das Endergebnis (Output) einer rigorosen Auswertung unterzogen. Datengetriebene Analysen und aussagekräftige Messgrößen werden in diesem Zusammenhang massiv genutzt (Data Science, Key Performance Indicators, Review Meetings). Echte Erfolge werden im Team gefeiert. Das stärkt die Identität und motiviert.

In der Praxis sollten Unternehmenswerte, Vision, Strategie, Ziele etc. wie auch die erreichten Ergebnisse in expliziter Form vorliegen. Die entsprechenden Daten und Dokumente werden im Unternehmen offen geteilt und sind immer wieder Teil von Diskussionen und Weiterentwicklungen. Auch die Frage nach dem tatsächlichen Erfolg liegt in Form der Rückmeldung und Bewertung des Kunden vor. Andere Aspekte wir Kultur, Vertrauen, Zusammenarbeit, Konflikte wie auch das Lernen liegen größtenteils implizit vor, d. h. vor allem „in den Köpfen der Menschen". Deshalb sind offene und ehrliche Kommunikation und ein kontinuierlicher Dialog wichtige Faktoren erfolgreicher Teamarbeit, denn es gilt explizites und implizites Wissen und Erfahrungen auszutauschen. Dieser Dialog bezieht sich nicht nur auf Zahlen, Daten und Fakten, sondern auch auf die Gefühlswelt und die zwischenmenschlichen Beziehungen untereinander. In Summe geht es also auch um Aspekte, die ein gemeinschaftliches Miteinander und Leben charakterisieren. Deshalb ist es in einer agilen Arbeitswelt wichtig, Aspekte der emotionalen Intelligenz zu entwickeln und einzusetzen [4, 5].

Dieses Idealbild ist nicht neu, wird aber zunehmend wichtiger in Märkten und Industrien, die komplexer und globaler Natur sind. Zudem wird ihre Wichtigkeit immer bewusster. An dieser Stelle seien zwei entscheidende Eigenschaften erfolgreicher Teams hervorgehoben: **Mindfulness** und **Grit**. Diese Begriffe werden im Deutschen am besten mit Achtsamkeit und Entschlossenheit übersetzt.

Achtsamkeit steht dafür, dass das Team gemeinsam an einer Reflektion der Arbeit und der Ergebnisse arbeitet [6]. Fragen der Form „Was lief gut? Was lief schlecht? Was hat uns abgelenkt? Wann haben wir den Fokus verloren? Welche Fehler haben wir gemacht? Warum ist das so? Wann haben wir als Team optimal zusammengearbeitet? Wie können wir das in Zukunft besser machen? etc." Diese Reflektionsarbeit verbessert die Zusammenarbeit im Team deutlich. Gleichzeitig wird dadurch das Vertrauen untereinander gestärkt. Echte Spitzenteams sind besessen davon. Diese Arbeit kann auch als Weiterentwicklung des klassischen Verbesserungsprozesses verstanden werden. Die Fähigkeit zur Reflektion ist umso wichtiger, je schneller sich die Märkte und Wertschöpfungsketten verändern. Dabei kommt es immer wieder zu Fragen der Neupositionierung des Unternehmens und der Teams. Ferner werden wichtige Konflikte konstruktiv ausgetragen.

Ein herausragendes Beispiel für Führung und Konfliktbewältigung geben Leonard Bernstein und José Carreras bei Aufnahmen zu West Side Story. In dem Film „The Making of West Side Story" wird der mittlerweile legendäre Konflikt wunderbar offen dargestellt [7]. Bernstein ist nicht zufrieden mit der Leistung seines Startenors Carreras, der das Feedback sehr emotional aufnimmt und sichtlich ungehalten die Proben verlässt. Inhaltliche und emotionale Ebene vermischen sich in der Auseinandersetzung zusehends. Alles geschieht vor den Augen des gesamten Orchesters und Aufnahmeteams. Am Ende hat der Konflikt zu einem besseren Ergebnis geführt. Dabei ist es sehr sehenswert, wie beide miteinander ringen, um die beste Lösung zu erreichen. Die Aufnahmen beeindrucken, weil sie den Konflikt und die Emotionen offen zeigen.

Eine zweite Kernkompetenz erfolgreicher Teams ist Entschlossenheit [8]. Ziele werden entschlossen und hartnäckig über Monate und Jahre verfolgt und an neue Rand- und Rahmenbedingungen angepasst.

Damit ist nicht gemeint, dass agile Teams ihre Fahne schnell nach dem Wind ausrichten, sondern dass sie im Gegenteil das tatsächliche Ziel vor Augen halten, geänderte Rahmenbedingungen schnell berücksichtigen und so den optimalen Weg zum Zielpunkt finden. Manchmal spielt dabei auch eine professionelle Weitsicht eine Rolle.

Beispiel Agiler Einkauf

Ein Hersteller von Werkzeugen und Maschinen entwickelt eine ehrgeizige Strategie, um mit neuen, robusten Werkzeugen für den Heimwerker neue Marktanteile zu erobern und Wachstum zu generieren. Im Rahmen von Handelskonflikten werden neuartige Schutzzölle erhoben, die den zugehörigen Business Case bedrohen und gleichzeitig die grundsätzlichen Lieferungen von Bauteilen infrage stellen. Der Einkauf des Unternehmens registriert diese neuen Risiken frühzeitig und entwickelt mithilfe eines agilen Teams schnell neue Möglichkeiten der Beschaffung. Nach entsprechender Verschärfung der internationalen Handelsbeziehungen treten konkrete Restriktionen ein und die etablierten Lieferanten fallen teilweise aus. Das agile Einkaufsteam liefert schnell neue Lieferwege mit neuen Partnern und rettet so den strategischen Geschäftsplan des Unternehmens. Einen Auftrag von oben hat das Einkaufsteam dafür nie erhalten ...

4.2   Wie wird der Erfolg nachhaltig?

Es ist ein beachtenswerter Erfolg, aus einem Team ein agiles Spitzenteam zu machen. Diesen Erfolg dann noch zu einem dauerhaften zu machen, ist eine wahre Kunst. Nur wenigen Unternehmen oder Sportmannschaften und Orchestern ist das gelungen. Oft sind dafür ganz unterschiedliche Faktoren ausschlaggebend. Grit ist per definitionem einer davon. Darüber hinaus schaffen es Teams nachhaltig erfolgreich zu sein, wenn sie eine sehr solide Vertrauensbasis entwickeln. Dabei bieten vor allem gemeinsam durchlebte Misserfolge und Konflikte den Boden für eine langlebige unternehmerische Gemeinschaft, die auf Vertrauen und Respekt füreinander basiert.

Agile Teams lernen aus Erfolgen und Misserfolgen.

Die Teams durchlaufen dabei bewusst eine Lernkurve, die sie noch stärker macht. Dieses Lernen ist ein Lernen im Team und nicht im stillen Kämmerlein. Es kann als **Learning Experience (LX)** analog zu UX und CX verstanden werden. So ist es nicht verwunderlich, dass erfolgreiche Teams viel Zeit miteinander verbringen und dabei lebenslange Partner- und Freundschaften entstehen.

Typischerweise stellt ein solches Erfolgsmodell eine echte Herausforderung für aktiendotierte Unternehmen dar, die unter Umständen vonseiten des Finanzmarktes zu immer neuen Erfolgen angetrieben werden, ohne die natürlichen Entwicklungs- und Investitionszyklen des Unternehmens zu berücksichtigen. Auch die Forderung nach persönlichen Karrierepfaden, die alle drei bis vier Jahre neue Aufgaben und Stellen fordern, können der Entwicklung erfolgreicher agiler Teams im Wege stehen. Kontinuität spielt trotz allem eine Rolle. Deshalb findet sich die biblische Zahl sieben immer wieder, wenn erfolgreiche Teams gefragt werden, wie viele Jahre sie bis an die Spitze gebraucht haben. Geht man von einem Berufsanfang mit 25 Jahren aus und tritt alle sieben Jahre eine neue Stelle an, dann arbeitet man 42 Jahre, hat sieben unterschiedliche Jobs und beendet die aktive Karriere mit den 67 Jahren. Ein solches Berufsleben balanciert die notwendige Veränderung mit der erforderlichen Kontinuität aus, die es braucht, um wirklich gute Arbeit zu leisten und sich wichtige Expertise anzueignen.

Wie schon argumentiert, setzen agile Teams gezielt auf Diversity. Das ist auch ein Element zur Sicherstellung eines nachhaltigen Erfolgs. Ziel ist es, die Schwächen des einen durch die Stärken des anderen auszugleichen. Auch sollen so bewusst unterschiedliche Perspektiven und Charaktereigenschaften in die gemeinsame Arbeit einfließen. Beispielsweise finden sich introvertierte wie extrovertierte Player im Team [9, 16, 17], die ganz unterschiedliche Stärken und Schwächen besitzen (Tab. 4.1). Die Extrovertierten sind dabei mutig, begeistert, flexibel, schnell, voller Tatendrang, spontan und tragen Konflikte offen aus. Die Introvertierten sind dagegen konzentriert, substanziell, hören zu, sehen die Risiken, bleiben ruhig, sehen Zusammenhänge und kommunizieren mehr in schriftlicher Form.

Für dauerhaften Erfolg werden beide Seiten gebraucht. Darüber hinaus nutzen agile Teams natürlich auch die anderen Seiten von Diversity, die

Tab. 4.1   Die unterschiedlichen Stärken Introvertierter und Extrovertierter

Introvertierte	Extrovertierte
Inhalt: Tiefe, Qualität und Substanz. Das zählt	**Begeisterung:** Inspirieren, bewegen und umsetzen. Das zählt
Fokus: Sich auf wesentliche Aspekte konzentrieren und Details im Blick haben	**Vielfalt:** Das große Ganze fest im Blick haben und dabei situationsbedingt handeln
Zuhören: Erst Informationen aufnehmen und analysieren, dann entscheiden	**Senden:** Vision, Strategie und sprechende Beispiele immer wieder kommunizieren
Hartnäckigkeit: Ausdauernd und geduldig ein Ziel verfolgen. Wenig Ablenkung zulassen	**Spontaneität:** Situationsbedingt reagieren und neue Entwicklungen direkt berücksichtigen
Empathie: Sich in andere hineinversetzen und ihre Perspektive einnehmen können	**Konfliktfähigkeit:** Schwierige Themen und Personen ansprechen
Achtsamkeit: Konzentriert und zurückhaltend für Klarheit, Distanz und Objektivität sorgen	**Schnelligkeit:** Mit Geschwindigkeit und Tempo umsetzen. Erfolge feiern
Eigenständig: Unabhängig denken und handeln. Für sich reflektieren	**Teamplay:** Im Team denken, Meinungen austauschen und abstimmen. Andere nutzen

sich aus unterschiedlichen Komponenten wie Kultur, Geschlecht, Alter, Ausbildung, Berufserfahrung oder auch Motivation zusammensetzen.

Um effizient und parallel zu arbeiten, organisieren Teams ihre Arbeit selbst und nutzen so die Stärken ihrer Diversity. Wenn erforderliche Fähigkeiten fehlen, werden diese ins Team geholt. Dauerhaft erfolgreich zu sein, heißt auch gesund zu sein und zu bleiben. Teams helfen sich dabei gegenseitig und integrieren diesen Aspekt gekonnt in ihre Routine. Dies bezieht sich sowohl auf die physische wie auch die psychische Gesundheit. In diesem Sinne bietet agiles Arbeiten einen Gegenpol zu ungewünschten gesellschaftlichen Entwicklungen wie Burn-Out oder anderen gesundheitlichen Problemen. Teams achten auf sich und helfen sich untereinander, damit das Team und der einzelne weiter voll leistungsfähig und das Team so bestehen bleibt. Diese Fähigkeit wird manchmal **Selfempowerment** genannt.

Das Team hat an dieser Stelle noch eine weitere Aufgabe. Heinz Erhardt hat einmal gesagt: *„Solange es Haare gibt, liegen sich Menschen* *in denselben"*. Diese amüsante Beschreibung von Konfliktsituationen wurde – zumindest in Europa der letzten Jahrzehnte – zu einem ernsthaften Problem. Konflikte am Arbeitsplatz können unproduktiv und sogar krank machen. Das agile Team behält solche Entwicklungen ständig im Auge und stoppt toxische Entwicklungen. Dabei unterscheidet das Team bewusst zwischen produktiven und unproduktiven Konflikten. Produktive und gesunde Teamarbeit achtet auf Transparenz, Wertschätzung, Anerkennung, Partizipation, Zuverlässigkeit und Offenheit. Es gibt in der heutigen Arbeitswelt aber auch andere Philosophien, in denen zum Beispiel Konkurrenzdenken untereinander geschürt wird oder Petzen, Schleimen und Drückebergerei geduldet oder sogar gefördert werden. Im Extremfall ist Mobbing an der Tagesordnung und das Selbstwertgefühl der Mitarbeiter wird gezielt und systematisch angegriffen. Krankheiten können folgen. Burnout ist eine davon. Natürlich ist es eine zentrale Aufgabe des Teamleiters, toxischen Entwicklungen im Team zu begegnen. Allerdings trägt auch das Team hier Verantwortung, denn Konflikte sind eine wichtige Quelle von Fortschritt und Kreativität. Sie gehören unbedingt zum Werkzeugkoffer, solange sie produktiver Natur sind.

Natürlich kommt es am Arbeitsplatz zu Stress und Stresssituationen. Das ist gut so, denn schon lange ist bekannt, dass Stress die persönliche Leistung steigert. Nur zu viel davon, hat ab einem gewissen Punkt negative Auswirkungen (Abb. 4.2). Diese Erkenntnis aus dem Jahre 1908 wird heute Yerkes-Dodson Leistungskurve genannt [10]. Klarerweise ist der sozusagen optimale Arbeitspunkt, an dem Menschen ihre beste Leistung erreichen, von Mensch zu Mensch unterschiedlich. Es ist die Aufgabe der Teamführung wie jedes einzelnen, diesen individuell optimalen Arbeitspunkt herauszufinden und diese Erkenntnis zu nutzen.

Schwierig wird die Situation, wenn die Teamleitung nicht nur ein schwieriger Zeitgenosse ist, sondern in den Persönlichkeitstypus des Machiavelli, des Psychopathen oder des Narzissten fällt. Diese drei Persönlichkeitstypen nennen die beiden kanadischen Psychologen Kevin Williams und Delroy Paulhaus **die dunkle Triade** [11, 12]. Dabei steht der Typus des Machiavelli für Menschen, die ihre Ziele ohne jede Rücksicht verfolgen, der Psychopath strebt nach Macht um jeden Preis

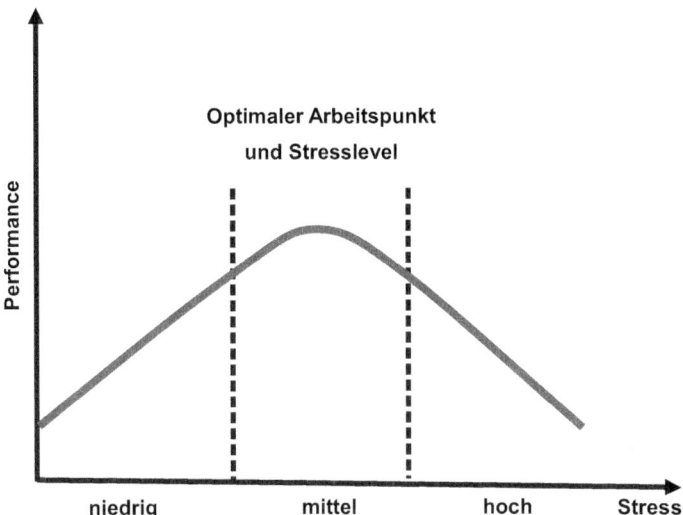

Abb. 4.2 Yerkes-Dodson Leistungskurve

und der Narzisst ist grenzenlos selbstverliebt und bereit alles zu opfern, wenn er sich damit aufwerten und andere abwerten kann. Die dunkle Triade ist Gift für jedes Team, auch für agile Teams. Wenn ein Team mit solchen Führungspersönlichkeiten zusammenarbeiten muss, wird es in der Regel extrem schwer oder sogar unmöglich agil zu arbeiten. Hilfe aus der Chefetage ist in einer solchen Situation erforderlich.

Wenn die Hilfe ausbleibt, kann sich ein Drama im Unternehmen entwickeln. Schrittweise stellt sich eine neue Kultur ein und der verbohrte, uneinsichtige und unbelehrbare Persönlichkeitstyp macht Schule und findet sich bald an vielen unterschiedlichen Stellen im Unternehmen wieder. Wenn diese Vervielfältigung intern nicht schnell genug gestoppt wird, werden externe Führungskräfte angeworben und auch angezogen, damit die neue Führungskultur sich durchsetzen kann. Leistungsstarke und bodenständige Kolleginnen und Kollegen wandern schrittweise ab und das Team oder auch das ganze Unternehmen passt sich über die Zeit an den vermeintlich neuen Status Quo an. Es ist durchaus möglich, dass die Performance des Unternehmens erst einmal steigt, bevor es zu einem tiefen Fall kommt.

Vielleicht sind so Skandale und Krisen wie die Finanzkrise 2008/2009, der Abgasskandal in der Automobilbranche, der Libor Skandal aus der Finanzwelt oder die skandalösen Pleiten von Firmen wie **Enron, Lehman Brothers, Arcandor** oder **Wirecard** in großen Teilen entstanden oder zumindest besser zu erklären.

In jedem Fall sind solche Auswüchse sehr ernst zu nehmen. Sie sind nicht nur auf Führungsfunktionen, extreme Charaktere oder einzelne Unternehmen beschränkt, sondern existieren im Kleinen wie im Großen [13]. Man kann argumentieren, dass es sich um einen nachhaltigen Trend in der VUCA Welt handelt. Der Druck am Arbeitsplatz und im Unternehmen wird ausgelöst durch einen zunehmenden Wettbewerb im Markt, ein höheres Umweltbewusstsein und mehr soziale Verantwortung, eine höhere Geschwindigkeit, mehr Daten und eine höhere Vernetzung. Dies führt in Summe zu enormen Herausforderungen für das Überleben und das Wachstum von Unternehmen. Der Druck wird für alle Mitarbeiter spürbar. Digitale Technologien und neue Arbeitsmöglichkeiten wie zum Beispiel das Home-Office können zudem die Freizeit- und Bewegungsaktivitäten weiter reduzieren und die Isolation bis in eine ungesunde Form steigern, sodass am Ende die physische wie auch mentale Gesundheit einzelner Mitarbeiter wie auch ganzer Organisationen leidet. Der damit verbundene Verfall, die reduzierte Bindung und Identifikation mit dem Unternehmen sowie das Abwandern von Mitarbeitern wird **Organisations-Entropie** genannt.

Beispiel Home-Office und Gaming

Ein Kollege arbeitet immer mehr von zu Hause und schließlich stellt er seine Arbeit komplett auf Home-Office um. Er nutzt dabei diverse Lieferdienste, um seine Versorgung mit Essen und Kleidung sicherzustellen. Ein Auto hat er nicht und auch sein Fahrrad ist nicht mehr verkehrstüchtig. Seine Freizeit verbringt er viel mit Gaming. In einigen Computerspielen hat er es bis auf die nationalen Bestenlisten geschafft. Für die Kolleginnen und Kollegen ist er 24/7 erreichbar. So hat der Kollege sein ganzes Leben auf das Unternehmen ausgerichtet. Nur wenn es nichts zu tun gibt, dann spielt er. Nach einiger Zeit wird er in virtuellen Arbeitstreffen merklich aggressiver, seine Kommentare werden bissiger und seine Sprache einfacher. Kolleginnen und Kollegen beginnen ihn zu meiden und er wird schrittweise weniger eingeladen. Seine Meinung und seine Expertise verlieren zunehmend an Bedeutung. Diese Entwicklung beginnt erst ganz leise und wird dann für das Team immer spürbarer. Der Kollege selbst nutzt die frei gewordene Arbeitszeit für noch mehr Gaming. Eine Spirale setzt sich in Gang …

Es ist in diesem Zusammenhang wichtig zu betonen, dass im Unterschied zur dunklen Triade die ursprüngliche Intention und Motivation der Mitarbeiter und Manager gut gemeint sind. Sie wollen das Richtige für ihr Unternehmen, für sich und ihre Familien wie auch die Gesellschaft. Sie orientieren sich dabei an den Unternehmenszielen und der Unternehmensstrategie und zeigen hohes Engagement und viel Einsatz. Dennoch können sich daraus katastrophale Folgen ergeben. Der Dieselgate Skandal von **Volkswagen** wie auch die Katastrophe rund um die 737 Max von **Boeing** sind extreme und gleichzeitig traurige Beispiele einer solchen Entwicklung. Sie führen – ökonomisch betrachtet – zu einer geringeren Wertschöpfung und einem massiven Reputationsverlust (Abb. 4.3).

Auf der anderen Seite kann agiles Arbeiten aufgrund der engen und offenen Zusammenarbeit einen systemischen Gegenpol bilden und die Wertschöpfung inklusive der Reputation erhöhen (Abb. 4.4).

Der Effekt ist umso größer, je weiter diese neue Form der Zusammenarbeit im ganzen Unternehmen bis hin zur Chefetage eingeführt und gelebt wird. Deshalb gilt:

Agile Teams reduzieren Risiken persönlichen Fehlverhaltens, krimineller Machenschaften und stützen die Entwicklung einer gesunden Arbeitswelt.

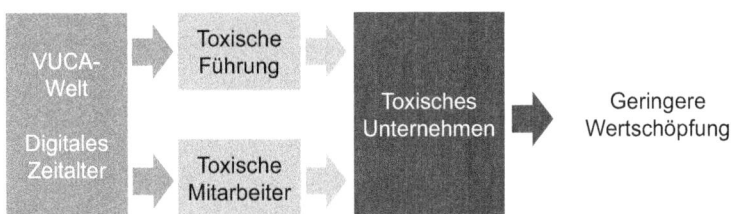

Abb. 4.3 Toxische Unternehmen besitzen eine geringere Wertschöpfung

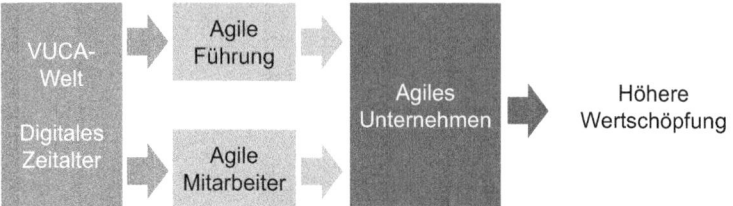

Abb. 4.4 Agile Unternehmen erhöhen die Wertschöpfung

Wie gut und damit auch nachhaltig ein Team arbeitet, erkennt man zudem daran, wie neue Player aufgenommen werden und wie alte das Team verlassen. Diese On-boarding und Off-boarding Prozesse laufen in Spitzenteams extrem gut und werden sehr sorgfältig geplant und umgesetzt. Sie sind für den Ruf und die Reputation des Teams und des Unternehmens sehr wichtig. Diese Prozesse repräsentieren wichtige Erfolgsfaktoren, um die Nachhaltigkeit der Teamarbeit sicherzustellen und es dem Team zu ermöglichen, sich voll auf die Arbeit zu konzentrieren. Sie stellen in der Regel sicher, dass ein Teamplayer eine gute, neue Position in einem anderen Team oder Unternehmen erhält, wenn er das Team verlässt. Der Gedanke des Fair-Play spielt hier eine zentrale Rolle. Getuschel, üble Nachrede oder Mobbing hinter dem Rücken der Betroffenen findet bei erfolgreichen agilen Teams keinen fruchtbaren Boden. Im Gegenteil finden sich etablierte Prozesse, wie Probleme sachlicher wie auch zwischenmenschlicher Natur angesprochen werden.

> Agile Teams nutzen Herausforderungen, um besser zu werden und zu wachsen.

Von zentraler Bedeutung ist es, in einem Team die finanziellen Perspektiven im Griff zu haben. Wie viele erfolgreiche Teams sind schon am Thema Geld gescheitert oder haben wichtige Player dadurch verloren? Dabei geht es nicht nur um das Geldverdienen, sondern auch um Transparenz und Fairness. Ferner hängt der zukünftige und damit nachhaltige Erfolg des Teams von Investitionen ab. Erfolgreiche

Teams werden in diese Überlegungen integriert. Dabei ist ein wichtiger Punkt die Investition in neue Technologien, Techniken und das Ausprobieren in Experimenten. Dies ist ein wichtiger Unterschied zu klassischen Teams. Dabei geht es um die Verbesserung von Qualität und Schnelligkeit in den Ergebnissen und auf dem Weg dahin. Deshalb ist Innovation und Technologie-Entwicklung ein wesentliches Charaktermerkmal agiler Teams. Natürlich gilt es dabei, dass die Experimente zur Strategie und Zielsetzung des Unternehmens passen und wissenschaftlich sinnvoll und fundiert sind.

Es sei an dieser Stelle erwähnt, dass die Forschung rund um das Management von Ideen und Innovationen in den letzten Jahren viele neue Erkenntnisse gebracht. Michael Schrage vom **Massachusetts Institute of Technology** empfiehlt zum Beispiel, dass Unternehmen nicht einfach nach Ideen suchen, sondern nach geschäftsrelevanten Hypothesen Ausschau halten, die sich in einfacher Form testen lassen [14]. Damit folgt er dem klassischen wissenschaftlichen Vorgehensmodell. Eine einfache Form der Umsetzung sind für ihn spezielle Teams, die einem sogenannten 5 × 5 Ansatz folgen.

> Ein divers aufgestelltes Team bestehend aus 5 Mitgliedern entwickelt in maximal 5 Tagen ein Portfolio von 5 geschäftsrelevanten Experimenten, die jeweils nicht mehr als 5000 € kosten und nicht länger als 5 Wochen dauern. Die Bereitschaft, einfache Fragen zu stellen, ist genauso wichtig wie die grundsätzliche Einfachheit der Experimente und die Kommunikation der Ergebnisse und der Wertschöpfung.

Solche Ansätze führen bei Mitarbeitern zu mehr Engagement, weil sie damit nicht nur bestehende Arbeitsprozesse bedienen, sondern sich gleichzeitig mit der Zukunft und einer Verbesserung der Wertschöpfung beschäftigen – und zwar konkret und kundennah. Das motiviert. Auf der anderen Seite führt ein solches Verständnis der Agilität in der Regel nicht zu geringeren Kosten, unter Umständen steigen die Kosten sogar. Als Folge strahlen agile Teams Optimismus aus, sind neugierig, starten proaktiv eigene Initiativen und testen bewusst ihre Grenzen aus. Sie sind offen für Neues und nicht zufrieden mit dem aktuellen Status

Quo. Deshalb arbeiten sie immer wieder an neuen, innovativen Ideen und sind an Ergebnissen interessiert, die in der echten Welt auch wirklich einen Unterschied machen.

Zum Schluss sei darauf hingewiesen, dass den HR-Funktionen im Unternehmen damit eine neue Aufgabe zufallen kann [15]. Sie können in Zukunft eine Schlüsselrolle einnehmen, um agiles Arbeiten einzuführen und toxische Entwicklungen frühzeitig zu erkennen und zu stoppen. Das kann zu völlig neuen Kompetenzanforderungen innerhalb der HR-Organisation führen und die Wertschöpfung durch den Personalbereich erhöhen. So können Kolleginnen und Kollegen aus HR zu strategischen Partnern für agile Teams werden. Eine solche Entwicklung und Verantwortung motiviert natürlich auch die Mitarbeiter aus den entsprechenden HR-Bereichen, die sich im Tagesgeschäft oft um Routinearbeiten kümmern müssen wie zum Beispiel Einstellungen, Beförderungen, Einhaltung von Richtlinien oder Abstimmungsgespräche mit den Arbeitnehmervertretern. Darüber hinaus können natürlich externe Berater und Coaches eine weitere Rolle spielen, wenn es darum geht, agile Teams und einen agilen Mindset im Unternehmen zu verankern.

4.3   Wie wird die klassische Arbeitsteilung überwunden?

Der Begriff der Arbeitsteilung geht schon auf Adam Smith zurück und ist tief verbunden mit den Erfolgen der modernen Industriegesellschaft. Die Entwicklung im Bereich Industrie 4.0 mit einer zunehmenden Digitalisierung, Robotik und Automatisierung bietet jetzt und in Zukunft ganz neue Möglichkeiten. Deshalb ist es nicht verwunderlich, dass im Sinne einer Pendelbewegung die erfolgreiche Arbeitsteilung der Vergangenheit an einigen Stellen zurückgenommen wird und neuen Geschäftsmodellen Platz macht, die diese neuen technischen Möglichkeiten gezielt nutzen.

Ein prominentes Beispiel dafür ist **Dev/Ops.** Dabei steht Dev für Development (Entwicklung) und Ops für Operations (Betrieb). Dev/Ops beschreibt ursprünglich einen Prozessverbesserungsansatz aus den

Bereichen der Softwareentwicklung und Systemadministration und bildet grob gesagt einen Kontrapunkt zur Arbeitsteilung.

> **Dev/Ops** steht für die Lieferung von Entwicklung und Betrieb aus einer Hand. Dev/Ops bezieht alle wesentlichen Ebenen ein, d. h. die Ebenen der Umsetzung, der Werkzeuge wie auch der Organisation und Kultur. Alles wird über ein Team oder eine Organisationseinheit geleistet, die im Tagesgeschäft voll verantwortlich handelt. Das zentrale Ziel ist, schnell erforderliche Änderungen im Unternehmen zur Verfügung zu stellen. Deshalb wird die Entwicklung quasi in den Betrieb voll integriert.

Dev/Ops ermöglicht durch gemeinsame Ziele, Prozesse und Werkzeuge eine effektivere und effizientere Zusammenarbeit der Entwicklungs- und Betriebsbereiche sowie der Qualitätssicherung. Damit wird die Qualität der Arbeit, die Geschwindigkeit der Entwicklung und der Auslieferung sowie die Zusammenarbeit deutlich verbessert. Dev/Ops steht in diesem Sinn mehr für eine Geschäftsphilosophie zur optimalen Leistungserbringung – von der Entwicklung und dem Betrieb. Mitarbeiter und Kunden, die in diesem Modell arbeiten, sind oft zufriedener und leistungsfähiger, da sie voll integriert sind und den Fortschritt hautnah miterleben. In der IT ist Dev/Ops mittlerweile ein sehr gängiges Arbeitsmodell, das in meiner Erfahrung von den Mitarbeitern dankbar angenommen wird (Abb. 4.5).

Konzerne und Großunternehmen setzen Dev/Ops ein, um die Distanz von operativen Einheiten und Servicebereichen zu minimieren. Hidden Champions, Spezialisten oder Mittelständler können sich an

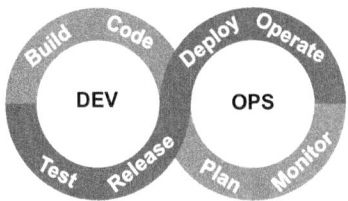

Abb. 4.5   Dev/Ops Prozess in der IT

dieser Stelle nur bedingt verbessern, da sie nicht so große Distanzen aufgebaut haben und in der Regel ein geringeres Maß an Arbeitsteilung vorliegt.

Ferner gilt sehr oft, dass die Kosten in diesem Arbeitsmodus steigen, da Mitarbeiter nicht an weiteren Projekten arbeiten, sondern sich ganz auf die Arbeit im Team konzentrieren. In Europa kommt erschwerend hinzu, dass das Arbeitsrecht die Mitarbeit externer Kräfte im Dev/Ops Modus verbietet oder zumindest stark einschränkt. Deshalb bieten sich solche extremen Konzepte vor allem dort an, wo die Wertschöpfung hoch oder die Schnelligkeit extrem wichtig sind. In anderen Regionen der Welt gilt diese Einschränkung in der Regel nicht. Das kann entsprechend zu einem regionalen Wettbewerbsvorteil bzw. -nachteil werden.

Der Grundgedanke des Dev/Ops und der Erfolg in der Praxis ist mittlerweile so groß, dass er zu einem bereichsübergreifenden, unternehmensweiten Ansatz erweitert wurde, in dem Manager, Entwickler, Tester, Administratoren und Kunden eng zusammenarbeiten. Dieses Modell wird **BizDevOps** (Business und Dev/Ops) genannt.

4.4 Zusammenfassung Kapitel 4

Agile Teams verfolgen einen ganzheitlichen Ansatz und sind auf sehr unterschiedlichen Ebenen spitze. Typischerweise schaffen diese Teams Vertrauen untereinander, formulieren und verfolgen gemeinsame Ziele und lernen so als Gesamtorganisation. Sie probieren immer wieder neue Technologien und Prozesse aus, um sich kontinuierlich zu verbessern und zu wachsen. Dabei finden sie Wege, wie sie Konflikte austragen und lösen können. Da sich Industrien ständig weiterentwickeln, besitzen die Teams eine hohe Ausprägung an Achtsamkeit und Hartnäckigkeit und passen sich immer wieder schnell an, wenn sich die Rand- und Rahmenbedingungen ändern. Sie lernen systematisch aus Erfolgen und Misserfolgen. Dabei können auch agile Teams an ihre Grenzen stoßen, wenn sich toxische Entwicklungen im Unternehmen ausbreiten. In diesem Zusammenhang können HR-Funktionen helfen, indem sie die Einführung agilen Arbeitens strategisch unterstützen.

Darüber hinaus bietet agiles Arbeiten Möglichkeiten, die Arbeitsteilung im Unternehmen durch moderne Konzepte wie Dev/Ops zu reduzieren. Auch die Unternehmensrisiken in Bezug auf Fehlverhalten oder kriminelle Machenschaften können minimiert werden. So wird in Summe eine gesunde, attraktive Arbeitswelt geschaffen. In der Regel ist dies mit steigenden oder zumindest gleichbleibenden, aber nicht sinkenden Gesamtkosten verbunden.

4.5   Checkliste Kapitel 4

1. Haben Sie schon einmal Konflikte mit schwierigen Kunden ausgetragen? Wie sind Sie damit umgegangen? Was würden Sie heute anders machen?
2. Wie arbeiten Sie im Team zusammen? Wie stimmen Sie Ziele, Zeit- und Projektpläne ab? Wie versuchen Sie, im Team besser zu werden? Passt das zu Ihren persönlichen Erwartungen?
3. Beschreiben Sie wesentliche Aspekte der gelebten Kultur in Ihrem Team! Was gefällt Ihnen?
4. Wie lösen Sie Konflikte im Team? Welche konkreten Beispiele fallen Ihnen dazu ein?
5. Wie messen und bewerten Sie, ob Ihre Teamarbeit erfolgreich war? Welche Rolle spielen dabei Ihre Kunden? Welche Rolle spielen dabei Daten? Wie bekommen Sie die Daten?
6. Wie achtsam sind Sie mit sich selbst? Was tun Sie, um selbst zur Ruhe zu kommen und ihre eigene Arbeit und Ihr Leben zu reflektieren?
7. Wie ist Ihr Verhältnis zu Ihrem Vorgesetzten? Was schätzen Sie an Ihr/Ihm? Was würden Sie gerne an Ihrem Verhältnis verbessern?

Literatur

1. Levy, P. F. (2012). *Goal Play – Leadership lessons from the soccer field.*
2. Gansch, C. (2014). *Vom Solo zur Sinfonie – Was Unternehmen von Orchestern lernen können.* Campus.
3. Dweck, C. S. (2006). *Mindset. Changing the way, you think to fulfill your potential.* Random House.

4. Caruso, D., & Salovey, P. (2004). *The emotionally intelligent manager, how to develop and use the four key emotional skills of leadership*. Wiley.
5. Goleman, D. (1994). *Emotional Intelligence, why it can matter more than IQ*. Bantam Books.
6. Hougaard, R., & Carter, J. (2018). *The mind of the leader. How to lead yourself, your people and your organization for extraordinary results*. Harvard Business Review Press.
7. Bernstein, L. (1985). *The making of west side story*. Deutsche Grammophon.
8. Duckworth, A. L. (2016). *Grit. The power of passion and perseverance*. Scribner.
9. Cain, S. (2011). *Still. Die Bedeutung von Introvertierten in einer lauten Welt*. Riemann.
10. Yerkes, R., & Dodson, J. (1908). The relation of strength of stimulus to rapidity of habit-formation. *Journal of Comparative Neurology and Psychology, 18,* 459–482.
11. Hansen, S.-M. (2017). *SOS am Arbeitsplatz. Wie Sie Ihren Selbstwert stärken. Angriffe abwehren und Konflikte konstruktiv lösen*. Amazon.
12. Hirigoyen, M.-F. (2017). *Die Masken der Niedertracht. Seelische Gewalt im Alltag und wie man sich dagegen wehren kann*. Dtv.
13. Coldwell, D. (2021). Toxic behavior in organizations and organizational entropy: A 4th industrial revolution phenomenon? *Springer Nature Business & Economics, 1,* 1.
14. Schrage, M. (2014). *The innovators hypothesis. How cheap experiments are worth more than good ideas*. MIT.
15. Ulrich, D. (1998). A new mandate for Human Resources, Harvard Business Review. https://hbr.org/1998/01/a-new-mandate-for-human-resources.
16. Löhken, S. (2014). *Intros und Extros. Wie sie miteinander umgehen und voneinander profitieren*. GABAL.
17. Löhken, S. (2012). *Leise Menschen – Starke Wirkung. Wie Sie Präsenz zeigen und Gehör finden*. GABAL.

5

Die Missverständnisse

Mit einer HR-Kollegin sprach ich über agiles Arbeiten. Sie verdrehte die Augen und meinte: „So viel ich auch von der Grundidee halte, so skeptisch bin ich, was die Umsetzung angeht. Immer wieder höre ich den Ruf nach mehr Empowerment, vor allem aus der Ecke der Kollegen, die sowieso schon dominant sind. Aus der Nähe betrachtet sehe ich, dass die Kolleginnen und Kollegen damit meinen „Alle Macht zu mir!" Und dann haben wir nach ein paar Monaten die gleichen Diskussionen rund um starre Strukturen und schlechtes Führungsverhalten – nur eine Ebene tiefer …." Ich lachte: „Das ist in meinen Augen fake agile …"

5.1 Fake Agile und Cargo Cult Science

Was wäre, wenn … Sie ab morgen in Ihrem Unternehmen agiles Arbeiten einführen sollen, aber noch nicht viel davon halten? Sie sind sehr skeptisch, ob agiles Arbeiten in Ihrem Unternehmen etwas bringt. Sie wollen nicht von Ihren Kolleginnen und Kollegen belächelt werden, indem Sie mit missionarischem Eifer ständig zu neuen Treffen einladen und die Vorzüge agilen Arbeitens anpreisen. Zu tief sitzt die negative Erfahrung mit ähnlich gelagerten Ansätzen. Customer Relationship Management, Business Process Reengineering, Lean Management, Digital Transformation. Die Liste gescheiterter und fragwürdiger Initiativen ist lang. Sie entschließen sich deshalb, eine klare Abgrenzung und gute Kommunikation zu suchen, um agiles Arbeiten bodenständig zu positionieren und realistische Erwartungen zu wecken. Vor allem wollen Sie „Fake Agile" vermeiden.

Analog zu „Fake News", also Nachrichten und Informationen, die so gar nicht stimmen oder zumindest schief dargestellt werden, kann es zu Fake Agile kommen, d. h. einer falschen Interpretation oder Umsetzung von Agilität in der Praxis. Es ist sehr hilfreich, sich mögliche Missverständnisse und Fehlentwicklungen vor Augen zu führen. Dadurch wird klarer, was Agilität ist und was es eben nicht ist.

Wir haben gesehen, dass Agilität im Kern für die Fähigkeit eines Unternehmens steht, in einem sich laufend verändernden und dynamischen Umfeld flexibel und anpassungsfähig zu sein, schnell und proaktiv in Teams zu arbeiten und dabei den Kunden und seine Wertschöpfung in den Mittelpunkt der Geschäftsaktivitäten zu stellen.

In der Praxis gibt es viele unterschiedliche Spielweisen und Tonarten für die Umsetzung. Viel hängt dabei verständlicher Weise vom Unternehmen, seiner wirtschaftlichen Situation und der entsprechenden Dynamik seiner Industrie ab. Entsprechend wird Agilität in der Automobilbranche, im Banken- oder Gesundheitswesen oder in der Nahrungsmittelindustrie jeweils anders eingeführt und gelebt.

Es gibt allerdings auch Umsetzungsarten, die nicht viel mit Agilität zu tun haben. Drei dieser Missverständnisse wollen wir im Detail diskutieren (vgl. dazu auch [1]).

5.1.1 Missverständnis 1

Einige Menschen berufen sich auf Eigenschaften und Verhaltensweisen, die sie selbst an sich mögen, die sie gerne auch bei Kolleginnen und Kollegen sehen würden und nennen dies dann „agil". Wenn sie selbst einen Fehler gemacht oder spontan ihre Meinung geändert haben, berufen sie sich auf das Recht zu lernen und die Agilität. Flexibel sein, Fehlermachen, sich irren oder Meinungen und Entscheidungen ändern, sind natürlich Bestandteil unserer Arbeitswelt. Das macht agiles Arbeiten allerdings nicht vollends aus.

Hier kann der sogenannte **Dunning-Kruger-Effekt** eine Rolle spielen. Dieser Effekt steht für ein verzerrtes Selbstverständnis inkompetenter Menschen, die ihr eigenes Wissen und Können überschätzen. Der Begriff stützt sich auf die wissenschaftliche Arbeit von David Dunning und Justin Kruger aus dem Jahr 1999 [2]. Die beiden Wissenschaftler fanden heraus, dass zum Beispiel beim Erfassen von Texten, beim Schachspielen oder Autofahren Unwissenheit oft zu mehr Selbstvertrauen führt als Wissen. Das Ergebnis weiterer Studien an der Cornell University ergab, dass weniger kompetente Menschen dazu neigen, ihre eigenen Fähigkeiten zu überschätzen, überlegene Fähigkeiten bei anderen nicht erkennen, und das Ausmaß ihrer eigenen Inkompetenz nicht richtig einschätzen können. Die Eigen- und Fremdwahrnehmung klaffen hier weit auseinander.

Hinweise auf dieses Phänomen finden sich immer wieder in der Literatur. Von Sokrates bekanntem Ausspruch *„Ich weiß, dass ich nichts weiß"* bis hin zu Bertrand Russels Essay über den Triumph der Dummheit: *„Der Hauptgrund für die Schwierigkeiten liegt darin, dass in der modernen Welt die Dummen vollkommen sicher sind, während die Intelligenten voller Zweifel sind"*.

Der Dunning-Kruger-Effekt wird wunderbar in einer Graphik dargestellt. Darin zeigt sich, dass das Selbstvertrauen nicht einfach linear mit dem Wissen ansteigt, sondern über die Zeit eine Lernkurve durchläuft (Abb. 5.1).

Es ist zu erwarten, dass dieses Phänomen in einer immer komplexer werdenden Welt öfter auftritt. Menschen erkennen die Komplexität und Tiefe einer Problemstellung und seiner Lösung nicht notwendigerweise und positionieren sich dennoch mit großem Selbstvertrauen. Gerade in Führungsfunktionen trifft man dieses Phänomen an, wenn ein Manager meint, er müsse zu jedem Thema eine Meinung haben und Fachmann sein, weil die Mitarbeiter dies von ihm in seiner Funktion erwarten würden. Dieses Weltbild ist in Teilen tief verwurzelt in der europäischen

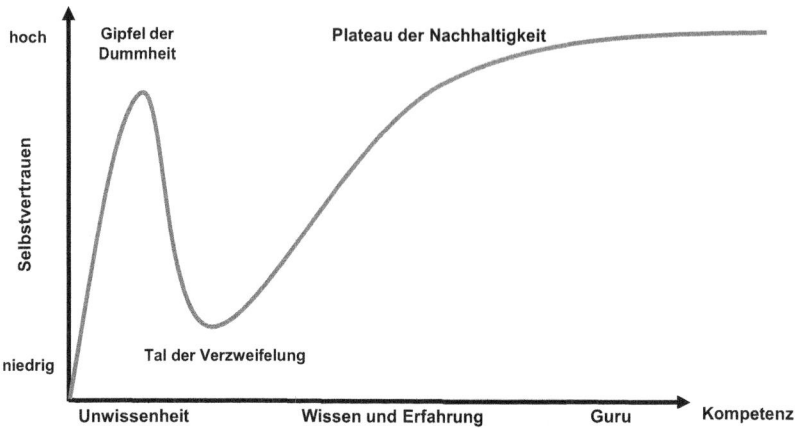

Abb. 5.1 Dunning-Kruger-Effekt

Kultur, in der es über Jahrhunderte galt, sich „hochzuarbeiten". Dabei wurde implizit angenommen, dass die Führungsebene all das weiß und kann, was ihre Mitarbeiter wissen und können. Die Arbeitswelt von heute ist deutlich differenzierter und Wissen wie auch Erfahrung breiter verteilt im Unternehmen, ohne einer klassischen Hierarchie zu gehorchen. Agiles Arbeiten setzt genau dort an, in dem diejenigen Mitarbeiter und Führungskräfte im Team zusammenarbeiten, die gebraucht werden – jenseits der Linienorganisation.

Für unsere Diskussion kann das Verständnis hilfreich sein, dass ein einzelner Mensch, Führungskraft oder Mitarbeiter, allein nicht agil sein kann, sondern nur als Teil einer agilen Organisation oder eines agilen Teams. Dafür sind unterschiedliche Charaktereigenschaften, Kompetenzen und Verhaltensweisen erforderlich, die per definitionem nicht auf ein Individuum beschränkt sein können. Sich selbst und die Organisation weiter zu entwickeln, zu lernen und zu wachsen, ist eine davon, der klare Kundenfokus, Zuhören können und das vertrauensvolle Arbeiten im Team sind andere. So kann der Dunning-Kruger Effekt minimiert oder ausgeschaltet werden. In diesem Verständnis spiegelt sich auch eine notwendige Diversity wider, die es zu erreichen gilt.

5.1.2 Missverständnis 2

Einige Menschen fokussieren stark auf das Empowerment und fordern, dass das Management alle Macht nach unten abgibt; unter Umständen nur in eine Richtung. Hier entsteht die Gefahr von chaotischen Strukturen oder einer neuen hierarchischen Organisation, nur an anderer Stelle. Agilität meint jedoch nicht, dass wirklich alle im Unternehmen oder in den unterschiedlichen Teams gefragt oder befragt werden, d. h. es geht nicht um die Einführung basis-demo-kratischer Strukturen. Das würde die Arbeit und die Prozesse langsam machen. Tatsächlich führt Agilität zu einem anderen Arbeiten im Team und verändert die Form und den Fokus der Führung. Gleichzeitig müssen die Teams, die nun eigenverantwortlich arbeiten, sehr sorgfältig kommunizieren. Ziel ist also nicht nur die Wertschöpfung im finanziellen Sinne, sondern auch ein angemessener Dialog und Durchlässigkeit im Unternehmen.

An dieser Stelle lauert eine weitere Gefahr. Teams können zu „Gangs" werden, die sich selbst wie ein Unternehmen im Unternehmen abschotten und ihre eigene Kultur entwickeln. Im Extremfall werden sektenartigen Strukturen und Netzwerke aufgebaut, die brandgefährlich werden, denn sie liefern in der Regel die erforderliche Leistung ab, entwickeln aber gleichzeitig gefährliche Denkmuster und vermeintliche Führungspersönlichkeiten, die nur in dem geschlossenen Silo und dem überzogenen Teamspirit funktionieren. Druck und subtile Formen der Erpressung und Ausbeutung können hier an der Tagesordnung sein. Slogans wie „Wer nicht für uns ist, ist gegen uns" oder „My Way or the Highway" sollen dabei auf das vermeintliche Team und den falschen Teamspirit einschwören. Wenn sich ein solches Gedankengut und eine entsprechend ungesunde Kaderdenke erst einmal etabliert haben, ist es für die Unternehmensführung extrem schwer gegenzusteuern. Das Team funktioniert als Bollwerk und hat sich möglicherweise zentrale Funktionen des Unternehmens zu eigen gemacht. Es infrage zu stellen, kann ab einem gewissen Punkt ein echtes Unternehmensrisiko darstellen. Nicht selten muss es komplett aufgelöst und im wahrsten Sinne des Wortes zerschlagen werden.

Agile Teams müssen deshalb in angemessener Form durchlässig sein und eine Kultur des Wachsens und der gesunden Reflektion etablieren. Gleichzeitig hat das Management die Aufgabe, die gesunde Entwicklung der Teams und seine Durchlässigkeit sicherzustellen und zu überwachen. Das ist nicht immer leicht.

5.1.3 Missverständnis 3

Einige Menschen setzen agiles Arbeiten mit der neuen Arbeitswelt gleich, d. h. in Zukunft gibt es nur noch agile Unternehmen. Im Extremfall wird agiles Arbeiten zum heiligen Gral erklärt, welches alle Probleme beseitigt. Alles ist agil oder muss es werden. Agilität steht dabei synonym für Spaß, Selbstverwirklichung, Lustprinzip und Erfolg. Schöne neue Welt. Was nicht agil ist, ist entweder nicht gut oder zumindest nicht mehr auf der Agenda. Bei den Mitarbeitern kommt an, dass dies die „neue Sau" ist, die durchs Unternehmen getrieben wird. Jedes Jahr eine andere. Tatsächlich gibt es Bereiche im Unternehmen, die nicht so viel Agilität vertragen und deren Fokus z. B. weiterhin stark auf der Effizienz liegt. Typische Bereiche dafür sind die Personalabteilung mit Einstellungsprozessen oder Gehaltszahlungen, der Einkauf mit entsprechenden Compliance Anforderungen oder die Produktion im regulierten Umfeld. Wenn agiles Arbeiten im ersten Anlauf undifferenziert eingeführt wird, dann entsteht die Gefahr, das Thema zu verbrennen. Bei einer zweiten, nun sehr ernst gemeinten Einführung, hat das Unternehmen es schwer. Die Mitarbeiter schütteln nur den Kopf und winken mit dem Kommentar ab: Haben wir schon einmal versucht, funktioniert nicht …

Beispiel Cargo Cult Science

Ein Freund ist unzufrieden mit seinem Arbeitgeber.

„Viele Initiativen und Arbeiten, die wir im Unternehmen leisten müssen, sind in meinen Augen sinnlos. Sie werden aber von oben vorgegeben und es gibt keinen Weg, sie infrage zu stellen. Einmal habe ich es versucht. Ganz gemäß dem Motto: Wer nicht für uns ist, ist gegen uns! Daraufhin wurde hinter meinem Rücken gemunkelt, ich sei nicht teamfähig. Aber agiles Arbeiten um jeden Preis zu erzwingen, weil alle es tun, bringt gar nichts. Im Gegenteil, es verbrennt langfristig den wirklich guten Ansatz. Vieles erinnert mich an Cargo Cult Science. Pseudowissenschaftlicher Populismus erzeugt viel heiße Luft, aber unterm Strich kommt nichts heraus."

Der Physiker Richard Feynman benutzte den Begriff **Cargo Cult Science** 1974 erstmals in einer Rede am **California Institute of Technology** [3]. Er beschrieb damit eine Vorgehensweise in der Wissenschaft, die zwar formale Kriterien erfüllt, aber im Kern nicht wissenschaftlich ist. Feynman erklärt den Cargo-Kult mit folgendem Beispiel:

„Auf den Samoainseln haben die Einheimischen nicht begriffen, was es mit den Flugzeugen auf sich hatte, die während des Krieges landeten und ihnen alle möglichen herrlichen Dinge brachten. Und jetzt huldigen sie einem Flugzeugkult. Sie legen künstliche Landebahnen an, neben denen sie Feuer entzünden, um die Signallichter nachzuahmen. Und in einer Holzhütte hockt so ein armer Eingeborener mit hölzernen Kopfhörern, aus denen Bambusstäbe ragen, die Antennen darstellen sollen, und dreht den Kopf hin und her. Auch Radartürme aus Holz haben sie und alles Mögliche andere und hoffen, so die Flugzeuge anzulocken, die ihnen die schönen Dinge bringen. Sie machen alles richtig. Der Form nach einwandfrei. Alles sieht genauso aus wie damals. Aber es haut nicht hin. Nicht ein Flugzeug landet."

Wissenschaft und Technik sind bis heute Basis für Fortschritt und Wohlstand. Deshalb ist es wichtig, die zugrunde liegenden Vorgehensmodelle und wissenschaftlichen Erkenntnisse zu verstehen und richtig zu nutzen.

Die COVID-19 Pandemie 2020/2021 war eine Hochzeit für Cargo Cult Science und mittelalterlich anmutende Heilmethoden. Medikamente wurden für die Behandlung vorgeschlagen, für die keine oder nicht hinreichende klinische Studien und entsprechende wissenschaftliche Erkenntnisse vorlagen. Einige hatten gar keine Wirkung. Gleichzeitig wurden Behandlungen von Nicht-Fachleuten vorgeschlagen.

Die Presse und sozialen Medien verbreiteten diese Vorschläge dankbar. Selbst unhaltbare Verschwörungstheorien bekamen wieder Hochkonjunktur und gaben die ersehnten einfachen Antworten auf komplexe Fragestellungen.

Feynman warnte Wissenschaftler davor, sich selbst zu täuschen, damit sie selbst nicht zu Cargo-Kult-Wissenschaftlern werden. Echte Wissenschaftler müssen ihre eigenen Theorien und Resultate immer wieder infrage stellen. Heute würde man dieses Verständnis vermutlich auch mit dem Begriff **Mindfulness** in Verbindung bringen. Steve McConnell griff das Thema im Jahre 2000 wieder auf und bezeichnete das richtige, aber sinnlose Abarbeiten eines Prozessmodells ohne tieferes Verständnis des tatsächlichen Problems beim Entwickeln von Geschäftsprozessen und von komplexer Software als **Cargo-Kult** [4]. In der Technologieentwicklung von Unternehmen und der Technologiepolitik von Regierungen unterstellt der Begriff ritualisiertes Festhalten an überlieferten Symbolen oder sinnlos gewordenen Projekten.

> Fake Agile kann zu sinnlosen Arbeiten ohne Wertschöpfung führen.

In einer VUCA-Welt benötigen Unternehmen die Fähigkeit, ihre Projekte und Initiativen zu hinterfragen und konsequent zu reagieren, wenn sich die Gefahr einer Cargo-Kult-Wissenschaft abzeichnet. Dabei hilft die Nutzung **wissenschaftlicher Methoden** und zunehmend die Anwendung von **Data Science.**

Mehr noch, die damit verbundene systematische und professionelle Arbeit mit Daten, Modellen und Prognosen verändert die Arbeit im Unternehmen deutlich (vgl. Abb. 5.2) und ermöglicht Schnelligkeit sowie eine Reduktion der Time-to-Market. Die Digitalisierung kann hier voll zum Tragen kommen, sodass neben der realen Welt eine virtuelle aufgebaut und parallel genutzt werden kann.

Das Vorgehensmodell wissenschaftlicher Arbeit kann in Unternehmen in Zukunft deutlich stärker eingesetzt werden und ist ein typisches Charaktermerkmal für eine agile Arbeitswelt. Da immer mehr Daten aus den realen Systemen vorliegen, können diese mehr und mehr genutzt werden, um mithilfe von Modellen Veränderungen und

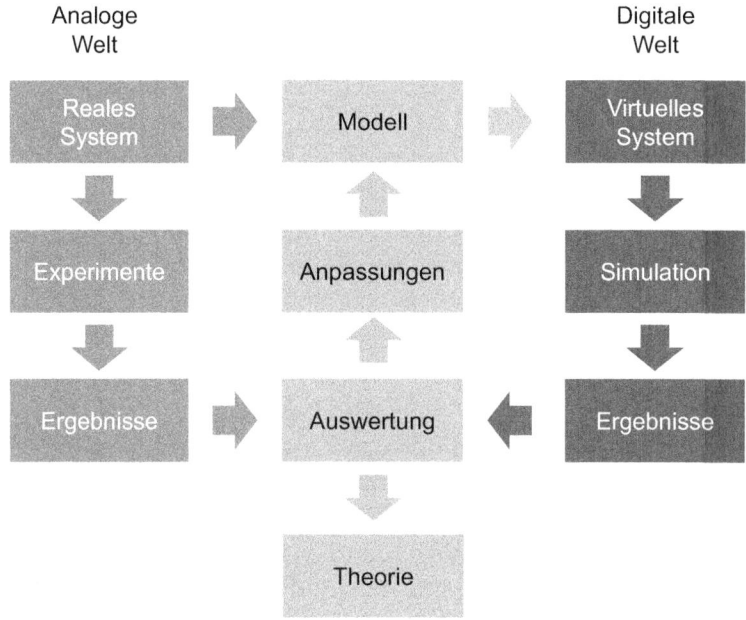

Abb. 5.2 Modellierung und Simulation als Teil der Wertschöpfung im Unternehmen

Verbesserungen in der virtuellen Welt zu testen und auszuprobieren. Dabei können Experimente helfen, Vermutungen und Hypothesen zu bestätigen oder zu widerlegen [5, 6]. Die Modelle und Simulationen werden über die Zeit immer besser und stellen schrittweise echte Vermögenswerte eines Unternehmens dar.

Klassische Produkte, vom Auto über das Flugzeug bis hin zur Waschmaschine, wie auch Dienstleistungen werden von Unternehmen durch **Digital Twins** (engl. Digitaler Zwilling) abgebildet und für Simulationen genutzt. Sie sorgen dafür, dass Produkte schneller entwickelt, Fehler behoben sowie kostengünstige virtuelle Experimente in silico durchgeführt werden können.

Ein **Digital Twin** ist eine digitale Darstellung eines materiellen oder immateriellen Objekts oder Prozesses aus der Realität in der virtuellen Welt.

Gleichzeitig bieten Digital Twins die Möglichkeit, den Lebenszyklus von Produkten inklusive Wartung und Instandhaltung abzubilden und darüber wertvolle Nutzungsdaten erheben zu können. Die entsprechenden Informationen gehen dann wieder ein in den Entwicklungsprozess der neuen Generation. Das Neue daran ist vor allem die Menge und die Details der Daten, die nicht mehr indirekt über Händler, Distributoren, Servicetechniker oder Endkunden eingesammelt werden müssen, sondern direkt über das Produkt geliefert werden. Es ist zu erwarten, dass Produkte so viel langlebiger und wartungsärmer entwickelt werden können. Natürlich muss dabei ein angemessener Datenschutz gewährleistet werden. Eine noch größere Herausforderung für die Unternehmen ist jedoch die Menge an Daten zu speichern, auszuwerten und zu nutzen. Man spricht in diesem Zusammenhang von einem ganz neuen Wirtschaftszweig, der sogenannten **Datenökonomie.**

Die weltweiten Datenmengen nehmen mit zunehmender Geschwindigkeit zu und haben 2020 geschätzte 50 Zettabyte erreicht (Abb. 5.3). Ein Zettabyte entsprechen dabei 50 Billionen Gigabyte oder 10^{21} Bytes. Das ist schon jetzt eine enorme Datenmenge und bis 2025 soll diese sich noch einmal mehr als verdreifachen [7]. Dabei ist es vollkommen unerheblich, dass ein Teil dieser Daten am Ende keinen besonders großen Wert hat. Der Trend wird sich fortsetzen.

> Wir sind die erste Generation, die mehr Daten speichern kann, als speichernswert sind.

Neue Technologien wie Cloud-Computing und wissenschaftliche Entdeckungen wie der Riesenmagnetowiderstandseffekt (engl. Giant Magnetoresistance Effect, kurz GMR) ermöglichen diese historische Entwicklung.

Aber Daten alleine reichen nicht aus. Natürlich muss ein wissenschaftliches Verständnis und eine technische Kompetenz her, die analog zur Cargo Cult Science immer wieder infrage gestellt wird und in richtiger Form in Unternehmen und Gesellschaft integriert wird. Das ist gar nicht immer so einfach, wie das folgende amüsante Beispiel zeigt.

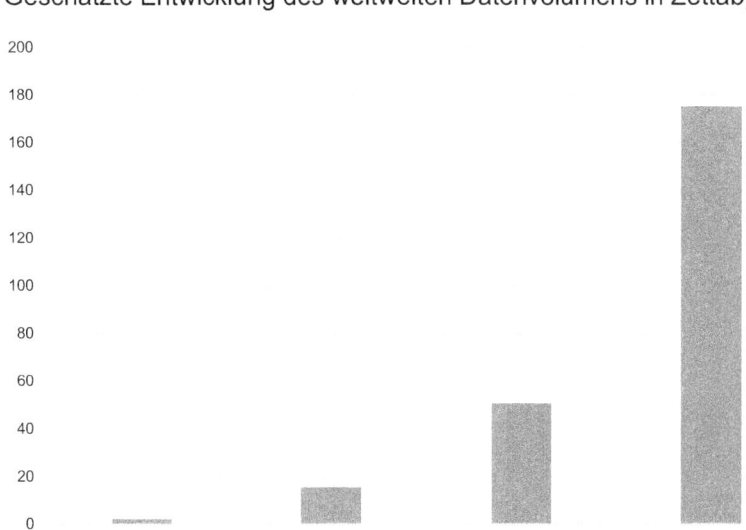

Geschätzte Entwicklung des weltweiten Datenvolumens in Zettabyte

Abb. 5.3 Geschätzte Entwicklung des weltweiten Datenvolumens [7]

Beispiel Erneuerbare Energien

In Deutschland spricht man von erneuerbaren Energien und meint damit Energieträger wie Sonne, Wind und Wasser – im Unterschied zu fossilen Energieträgern oder der Kernkraft. Im Bundestag wurde sogar ein erneuerbares Energiegesetz (EEG) erlassen. Allerdings gilt in der Natur – soweit wir wissen – das Energieerhaltungsgesetz. Wissenschaftlich gesehen kann Energie nicht erzeugt oder erneuert werden. Und obwohl diese sprachliche Ungenauigkeit im täglichen Leben nicht groß ins Gewicht fällt, so muss man sich trotzdem vor Missverständnissen in Acht nehmen, die daraus resultieren können.

Agile Teams testen und nutzen neue Technologien und wissenschaftliche Erkenntnisse und passen sich so schnell an den neuen Status Quo an. Sie verfügen über eine hohe Technologie- und Wissenschaftsakzeptanz, wohl wissentlich, dass diese auch Schattenseiten haben können.

Ein weiterer Grund, warum wissenschaftliche Methoden und Anwendungen in Unternehmen in Zukunft eine noch größere Rolle spielen, ist der Umstand, dass die Messmethoden und Möglichkeiten zur Messung in den letzten Jahren noch einmal deutlich verbessert wurden. Das bietet die Möglichkeit, besser oder am Ende ganz genau zu verstehen, wie Medikamente im Körper funktionieren, wie chemische oder biotechnologische Prozesse ganz genau ablaufen oder wie Produktions- und Logistikprozesse lokal und global weiter optimiert werden können. Neue Technologien, zum Beispiel in der Mikroskopie und in bildgebenden Verfahren wie auch Simulationen, eröffnen hier unglaublich neue Möglichkeiten. Sie führen allerdings auch gemäß (Abb. 5.2) dazu, dass vermeintlich richtige Theorien und Erkenntnisse widerlegt und durch neue ersetzt werden. Von dieser Entwicklung betroffen sein, können beispielsweise etablierte Produktionsprozesse und ihre CO_2 Bilanz, Wirkungsmechanismen von Medikamenten und Nahrungsmitteln, etablierte betriebswirtschaftliche Standards oder auch gesetzliche Rand- und Rahmenbedingungen. Feynman folgend muss alles immer wieder auf den Prüfstand gestellt werden, um eine Cargo-Kult Culture zu verhindern und Fortschritt zuzulassen.

Wichtig

Gerade innerhalb des europäischen Kulturraums tut man sich schwer mit einem solchen wissenschaftlichen Vorgehen, weshalb Max Planck schon vor über hundert Jahren feststellte:

„Eine neue wissenschaftliche Wahrheit pflegt sich nicht in der Weise durchzusetzen, dass ihre Gegner überzeugt werden und sich als belehrt erklären, sondern vielmehr dadurch, dass ihre Gegner allmählich aussterben und dass die heranwachsende Generation von vornherein mit der Wahrheit vertraut gemacht ist."

Es ist aber diese geistige Wendigkeit und Fähigkeit zur Anpassung sowie die Anwendung und Akzeptanz wissenschaftlicher Methoden und Erkenntnisse, die Unternehmen, Führungskräfte und Mitarbeiter in Zukunft noch mehr benötigen.

5.2   Der Wandel als Reise

Wirkliches und nachhaltiges agiles Arbeiten wird nicht per Proklamation oder in Form eines Jahresziels eingeführt. Am besten sieht man den Wandel als Reise für sich, das eigene Team und das Unternehmen an. Auf dieser Reise mag es auch Umwege geben, kommt es zu Überraschungen und man kommt vielleicht sogar einmal vom Weg ab. Deshalb ist es wichtig, für sich und die Organisation zu bestimmen, wohin man gehen will, was das erste Etappenziel ist und wann man wirklich dort angekommen ist. Da die Reise vor allem für etablierte Unternehmen eher Jahre dauern wird, ist eine Standort- und Zielbestimmung auf Jahresebene empfehlenswert. Generell können folgende sieben Leitfragen helfen, die Reise hin zu mehr agilem Arbeiten zu starten. Sie dienen auch als Kompass.

Sieben Leitfragen agiles Arbeiten

- Warum wollen wir agil arbeiten?
- Welche Werte wollen wir generieren?
- Wo genau wollen wir agil arbeiten?
- Wie können wir aussagekräftige Experimente durchführen?
- Wie können wir heutige und zukünftige Kunden integrieren?
- Welche Veränderung wollen wir sehen?
- Wie messen wir die Veränderung?

Die letzten Fragestellungen zielen schon in Richtung Data Science – einem Aspekt, der von zentraler Bedeutung ist. Zur Bearbeitung und Lösung des „Kunden Dilemmas" werden in der agilen Praxis Kundendaten genutzt – viele Kundendaten. Deshalb ist es hilfreich, eine direkte Kundenbeziehung mithilfe digitaler Plattformen aufzubauen. Während in der Vergangenheit vielleicht die Unternehmensleitung einen richtigen Riecher beweisen musste, erhöht die neue Welt der Daten die Möglichkeit der Transparenz und verbessert Prognosen. Dabei werden in der Zukunft neue Technologien und Anwendungen auf Basis künstlicher Intelligenz eingesetzt werden. Unternehmensentscheidungen über neue Produkte und ihre Weiterentwicklung werden verstärkt auf Basis von

Daten und Auswertungen getroffen, die allein von Maschinen geleistet werden. Das hilft unter anderem, um Entscheidungen und strategische Ausrichtungen zu erklären und diese noch besser begründen zu können.

Ein solches Vorgehen reduziert nicht nur die unternehmerischen Risiken, sondern erhöht die Erfolgsaussichten. In diesem Sinne kann die Einführung von agilem Arbeiten auch ganz klassisch als Investition in die Zukunft gesehen und als immaterieller Vermögensgegenstand verstanden werden. Durch die Investition soll mit vorhandenen und neuen Produktionsmitteln und Arbeitskräften entweder mehr oder anders, z. B. schneller oder kundennäher, produziert werden. Strategisch werden gleichzeitig Risiken minimiert und die Kunden- und Mitarbeiterzufriedenheit erhöht. Diese Unternehmensphilosophie kann darüber hinaus am Finanzmarkt positioniert werden und Teil der **Equity Story** eines Unternehmens werden.

Ferner kann agiles Arbeiten die kreativen Kräfte im Unternehmen weiter stärken. Dabei werden nicht nur digitale Technologien eingesetzt, sondern im Gegenteil helfen Papier und Bleistift sowie Boards und Flipcharts dabei, Lösungen zu erarbeiten und im wahrsten Sinne des Wortes ein gemeinsames Bild zu entwerfen. Diese Bilder, Skizzen und Abläufe werden gemeinsam entworfen und diskutiert. Das erhöht die Kreativität und Schnelligkeit und bietet den Teams die Möglichkeit der direkten und kreativen Zusammenarbeit. Oft werden diese Bilder und Ergebnisse dann fotografiert und digital verteilt. Das Originalbild wird an freie Wände oder Boards gehängt, um Informationen transparent und offen mit Kolleginnen und Kollegen zu teilen. Gleichzeitig dokumentieren sie das Arbeitsergebnis. Solche Bilder, Skizzen und Prozessdarstellungen in den Gängen, Besprechungsräumen und Büros sind ein gutes Indiz für agiles Arbeiten in der Praxis. Ihr Fehlen ist auch eine Aussage.

Ein weiteres Erkennungsmerkmal agilen Arbeitens stellt das **Selbermachen** dar. In komplexen Strukturen und größeren Wertschöpfungsketten spricht man auch gerne von einer **End-to-End Verantwortung.** Ganz im Sinne einer Gegenbewegung zur Arbeitsteilung und zum Taylorismus werden dabei möglichst viele Arbeitsschritte selber ausgeführt. Das erfordert zwar eine enorme Kompetenz im Unternehmen, führt in der Praxis jedoch zu mehr Schnelligkeit und hoher

Problemlösefähigkeit. Darauf basiert zum Beispiel die Strategie des Automobilherstellers **Tesla,** der Software, Batterien, Ladenetze und Photovoltaikanlagen selbst entwickelt, produziert und vertreibt. Auch die Marktpositionierung von Hidden Champions in Deutschland oder Spezialisten aus der Schweiz oder Italien tendiert schon heute stark dahin, die wesentliche Wertschöpfung selbst in die Hand zu nehmen. Diese Unternehmen können die Grundideen des agilen Arbeitens schnell aufnehmen und noch produktiver werden. Für Konzerne und Großunternehmen sind die Herausforderungen größer, da sie ihre Wertschöpfung oft aus einer Kultur der Effizienz und der Skaleneffekte ableiten.

5.3 Der Einsatz zählt

Das zentrale Ziel eines agilen Unternehmens liegt in der Wertschöpfung und damit in der unternehmerischen Leistung und Umsetzung (engl. Achievement). Angela Duckworth untersucht in [8], wie aus Talenten Leistungsträger werden und wie diese es in der Realität zum Erfolg bringen. Natürlich muss ein gewisses Talent vorhanden sein, um in einem spezifischen Bereich Hochleistung erbringen zu können. So wie gewisse anatomische Voraussetzungen gegeben sein müssen, um im Langlauf, Hochsprung oder beim Schwimmen die Spitzenklasse zu erreichen, so muss entsprechendes Talent vorhanden sein, um im unternehmerischen Kontext erfolgreich zu sein. Talente gibt es allerdings viele und so scheint der wirklich differenzierende Faktor der persönliche Einsatz zu sein. Eine ihrer zentralen Schlussfolgerungen ist, dass der Einsatz doppelt zählt. Auf der einen Seite ist Einsatz erforderlich, um aus dem eigenen Talent eine echte Fähigkeit zu machen. Das reicht aber nicht aus. Diese Fähigkeiten müssen mit viel Einsatz zu einem positiven Ergebnis und damit zur Wertschöpfung führen.

$$\text{Wertschöpfung} = \text{Fähigkeit} \times \text{Einsatz} = \text{Talent} \times \text{Einsatz}^2$$

Der Einsatz geht also doppelt in die Gleichung ein. Einmal geht es um den Einsatz zur Entwicklung von eigenen Fähigkeiten. Einmal geht es darum, diese Fähigkeiten unternehmerisch einzusetzen und Werte zu schaffen. Diese Erkenntnis passt exzellent zu den Ergebnissen von Carol Dweck in Bezug auf den Growth Mindset [1], der hier für die Einführung und Verankerung agilen Arbeitens genutzt wird. Darüber hinaus sei angemerkt, dass statt des Begriffes Einsatz manchmal das Wort Motivation genutzt wird. Gemeint ist dasselbe.

Was bedeutet das für die Führung agiler Teams und Unternehmen? – Konsequenterweise ist es die Aufgabe von Führungskräften im Unternehmen, sowohl die Entwicklung von Fähigkeiten wie auch die erfolgreiche Umsetzung und Wertschöpfung sicherzustellen. Beides ist in der Regel mit entsprechenden Investitionen verbunden. Dabei müssen aktuelle Aspekte wie auch zukünftige Herausforderungen und Marktentwicklungen berücksichtig werden.

Führung erfährt so in agil geführten und organisch wachsenden Unternehmen eine Renaissance hin zu einem weisen und langfristig ausgelegten Steuern und Entwickeln der Menschen, Teams und Investitionen. Die Führungskraft muss dabei nicht nur unterstützen, sondern gleichzeitig klar verständliche Ziele formulieren und deren Umsetzung fordern. Natürlich können in portfolio-geführten Unternehmen Fähigkeiten durch Zukäufe und Verkäufe gezielt gesteuert werden.

Auf der anderen Seite ist es die Aufgabe der Mitarbeiter und Teams, sich immer wieder einzusetzen und sowohl ihre Fähigkeiten weiterzuentwickeln wie auch aktiv zur Wertschöpfung beizutragen. Von ihnen ist der doppelte Einsatz gefordert und so spielen sie eine entscheidende Rolle. In agil geführten Unternehmen gilt das selbstverständlich für die Gesamtorganisation – bis hin zur Geschäftsleitung und dem Vorstand.

Zum Schluss noch ein Wort zum Thema **Home-Office** und **verteiltem Arbeiten.** Man könnte meinen, dass agiles Arbeiten die echte Präsenz vor Ort erfordert und in der Tat ist ein Geheimnis des Erfolgs der direkte und ernsthafte Austausch im Team. Es ist aber durchaus möglich, auch im Home-Office oder verteilten Teams agil zu arbeiten.

Beispiel Economy of scope

Ein System zur Bilderkennung mithilfe künstlicher Intelligenz sollte entwickelt werden. Es sollte helfen, bestimmte Gefahren frühzeitig zu erkennen, um entsprechende Gegenmaßnahmen einzuleiten. Schnell erkannten wir, dass ganz unterschiedliche Experten erforderlich waren, die allerdings im wahrsten Sinne des Wortes verteilt waren und oft im Home-Office arbeiteten. Ein globaler Ansatz musste her, der auch die unterschiedlichen Zeitzonen berücksichtigte. Gleichzeitig waren die Anforderungen ein wenig unklar und wir hatten als Team wenig Erfahrung. Ein solches System hatten wir noch nie entwickelt. Es war Neuland für uns. Deshalb erschien uns ein agiler Ansatz mit wöchentlichen Sprints der richtige Ansatz. Aber es war nicht effizient und kostenintensiv, wenn wir alle Team-Mitglieder physisch an einen Tisch geholt hätten. Eine Kollegin präsentierte eine digitale Kanban-Lösung. Eine andere fand die Idee eines agilen und verteilten Teams so spannend, dass sie sich bereit erklärte, die Termine, Dokumente etc. zu organisieren. Das war von zentraler Bedeutung, denn die direkte Interaktion musste durch virtuelle Prozesse und Plattformen ersetzt werden. Deren Nutzung war zwar mühsamer, konnte aber am Ende das gleiche Ergebnis liefern. Gesagt, getan. Die Arbeit war ein voller Erfolg und das Team am Ende sichtlich stolz auf das Ergebnis sowie die Pionierarbeit, die es im Unternehmen geleistet hat. Natürlich haben wir diese Form der Entwicklungsarbeit danach weiter in anderen Projekten angewendet und verfeinert. Später lernten wir, dass dieser Transfer auf andere Projekte **Economy of scope** genannt wurde. Wir machten es einfach …

5.4   Zusammenfassung Kapitel 5

Falsch oder missverstandene Agilität kann in eine Sackgasse führen und das Thema bei den Mitarbeitern verbrennen. Echte Agilität erfordert das Arbeiten in Teams, die es verstehen, ihre Aufgaben gezielt und schnell zu erfüllen und gleichzeitig optimal zu kommunizieren. Dabei ist agiles Arbeiten nicht notwendigerweise die einzige Arbeitsform im Unternehmen. Im Gegenteil, die Teams müssen ihr Vorgehen und ihre Prozesse immer wieder und auf Basis wissenschaftlicher Erkenntnisse infrage stellen. Nur so werden Wettbewerbsvorteile und Wertschöpfung ermöglicht. Gleichzeitig spielt der Einsatz der Teams eine entscheidende Rolle, um die erforderlichen Fähigkeiten kontinuierlich zu entwickeln und diese in der Praxis einzusetzen.

5.5 Checkliste Kapitel 5

1. Wie könnte eine ehrliche und wertvolle Einführung und Weiterentwicklung agiler Arbeitsmethoden in Ihrem Unternehmen aussehen? Welche Missverständnisse und Fehlentwicklungen könnten dabei auftreten? Wie würden Sie diesen begegnen?
2. Kennen Sie Themen, bei denen Sie ein hohes Selbstvertrauen an den Tag legen, aber eigentlich wenig eigenes Wissen und eigene Erfahrungen besitzen? Wie kommt es dazu?
3. Gibt es Silodenken in Ihrem Unternehmen? Warum haben sich diese Silos entwickelt?
4. Welche alten Zöpfe gibt es in Ihrem Unternehmen? Wie könnten diese abgeschnitten werden? Was würde an Ihre Stelle rücken? Welcher Mehrwert könnte so entstehen?
5. Wie viele Daten existieren in Ihrem Unternehmen? Wie wächst Ihr Datenvolumen? Nutzen Sie persönlich diese Daten? Welche Auswirkung hat das Datenwachstum auf Ihre Arbeit?
6. Wie ist die Equity Story Ihres Unternehmens? Was hält der Finanzmarkt davon?
7. Welche Chance und Risiken sehen Sie, wenn Sie Ihren persönlichen Einsatz für mehr Wertschöpfung im Unternehmen erhöhen?
8. Wie ist Ihr Verhältnis zu Ihrem Vorgesetzten? Was schätzen Sie an Ihm/Ihr? Was würden Sie gerne an Ihrem Verhältnis verbessern?

Literatur

1. Dweck, C, S. (2006). *Mindset. Changing the way, you think to fulfill your potential*. Random House.
2. Dunning, D., & Kruger, J. (1999). Unskilled and unaware of it. How difficulties in recognizing one's own incompetence lead to inflated self-assessments. *Journal of Personality and Social Psychology, 77*(6), 1121–1134. http://citeseerx.ist.psu.edu/viewdoc/download?doi=10.1.1.64.2655&rep=rep1&type=pdf.

3. Feynman, R. Cargo cult science. http://calteches.library.caltech.edu/51/2/ CargoCult.pdf.
4. McConnell, S. Cargo cult software engineering. http://sunnyday.mit. edu/16.355/cargo-cult.pdf.
5. Thomke, S. (2020). *Experimentation works. The surprising power of business experiments.* Harvard Business Review.
6. Schrage, M. (2014). *The innovators hypothesis. How cheap experiments are worth more than good ideas.* MIT.
7. Bundesministerium für Wirtschaft und Energie (BMWI). https://www. bmwi.de/Redaktion/DE/Schlaglichter-der-Wirtschaftspolitik/2020/09/ kapitel-1-7-auf-einen-blick.html.
8. Duckworth A. L. (2016). *Grit. The power of passion and perseverance.* Scribner.

6

So finden Sie Ihren Weg zum agilen Arbeiten

Einmal im Jahr trafen wir uns, um gemeinsam über Strategie, Projekte, Kunden und das nächste Jahr zu sprechen – und um uns Zeit füreinander zu nehmen. Teambuilding war angesagt. Diesmal ging es um agiles Arbeiten. „Wir haben keine Zeit dafür. Wir müssen uns um unser Tagesgeschäft kümmern. Danach ist der Tag rum." Die Situation war klar. Eine Kollegin erwiderte: „Das ist immer so, wenn Neues von außen ins Unternehmen getragen wird. Es hilft aber nichts, wir müssen uns schrittweise die nötigen Freiräume schaffen. Nur so können wir agiles Arbeiten in den Teams und in unseren Köpfen etablieren. Wenn wir nicht auch selbst Teil der Veränderung werden, dann findet sie entweder gar nicht statt oder zumindest ohne uns. Wir müssen selbst dazu lernen und Teil der Veränderung werden. Nur dann haben wir eine Zukunft."

6.1 Teamplay

Was wäre, wenn … Sie in Zukunft in Ihrem Unternehmen agil arbeiten? Was wäre, wenn … Sie der Chef Ihres Unternehmens wären? Wie würden Sie agiles Arbeiten konkret umsetzen? Natürlich hängen

I. Gaida, *Agiles Arbeiten in der Praxis,* https://doi.org/10.1007/978-3-662-63965-8_6

solche Gedankenexperimente von dem jeweiligen Unternehmen ab, von der aktuellen wirtschaftlichen Situation, von handelnden Personen und der Strategie. Drei grundlegende Aspekte helfen dennoch, den eigenen Weg in die agile Arbeitswelt zu finden.

Unsere europäische Kultur, Erziehung und Bildungseinrichtungen wie Schulen und Universitäten kennen Konzepte rund um leistungsfähige Gruppen und Teams. Dabei steht der einzelne und seine individuellen Talente im Vordergrund, im Unterschied zum Beispiel zur asiatischen Kultur, in der die Gemeinschaft und ein „Wir-Denken" stärker im Zentrum der Ausbildung und der kulturellen Grundausrichtung steht. Deshalb ist es hilfreich zu reflektieren, wie man sich selbst als Teamplayer sieht und fühlt, wie man im Team arbeitet und wie man von anderen gesehen wird.

> Jeder ist Teil eines Teams.

Das gilt für jeden im Unternehmen, vom Vorstand über den Personalberater bis hin zum Hausmeister. Da nicht jeder Mensch für sich alles kann, wächst in einer komplexen Welt die Bedeutung von Teams.

Machen Sie einen **Selbstcheck** und bewerten Sie sich als Teamplayer:

In welchem Team bin ich Teamplayer?	Team-Name?
Wer sind die anderen Teamplayer?	Personen?
Was ist die Rolle des Teams?	Sinn?
Warum bin ich in diesem Team?	Meine Rolle, meine Aufgaben?
Mit wem arbeite ich zusammen?	Beziehungen im Team?
Wie fühle ich mich im Team?	Emotionale Position?
Was läuft richtig gut im Team?	Team Stärken?
Was könnte im Team besser laufen?	Team Schwächen?
Was will ich im Team verbessern?	Team Entwicklung?
Wie sehe ich mich im Team?	Eigenwahrnehmung?
Wie sehen mich die anderen im Team?	Fremdwahrnehmung?

Zu allen diesen Punkten sollten Sie noch die Frage nach dem Warum? ergänzen, um die tieferliegenden Hintergründe zu verstehen und den Kontext der Wertschöpfung des Teams herauszuarbeiten.

> Jedes Team schafft Werte und kennt diese sehr genau.

Für die Fremdwahrnehmung können Sie einen Feedback-Prozess zusammen mit der Personalabteilung anstoßen. In manchen Unternehmen werden 360-Grad-Feedbacks angeboten, die sich hier sehr gut anbieten. Ferner ist es hilfreich, die folgenden zwei Aspekte zu reflektieren. Erstens, inwiefern setzen das Team und Sie selbst neue, hilfreiche Technologien ein und werten Daten systematisch aus? Zweitens, mit welchen anderen Teams arbeiten Sie zusammen?

Nach dieser Reflektion um die aktuelle Position des Teams und ihrer Rolle kommt die Frage nach der zukünftigen Entwicklung. Dafür können Sie eine SWOT-Analyse nutzen. SWOT steht dabei für Strengths, Weaknesses, Opportunities und Threats (Stärken, Schwächen, Chancen, Risiken). Machen Sie eine SWOT in Bezug auf das Team und eine zweite SWOT in Bezug auf Ihre Rolle und Aufgaben im Team (Abb. 6.1). Wenn Sie in unterschiedlichen Teams aktiv sind, erhöht sich die Anzahl der SOWT Analysen. Beziehen Sie die Betrachtung auf die Wertschöpfung für den Kunden.

Fassen Sie Ihre Erkenntnisse sorgfältig zusammen, sprechen Sie mit Kolleginnen und Kollegen darüber und korrigieren Sie unter Umständen Ihre Darstellung, wenn Sie aus diesen Gesprächen neue Erkenntnisse gewinnen. Nutzen Sie dabei die folgenden drei Leitfragen:

- Welche Rolle kann für Sie und das Team agiles Arbeiten spielen?
- Welcher Mehrwert wird für den Kunden geschaffen?
- Wie werden sich die Veränderungen auswirken?

Teilen Sie Ihre Ergebnisse im nächsten Schritt mit Ihrem Vorgesetzten und Ihrem Team. Führen Sie einen konstruktiven und offenen

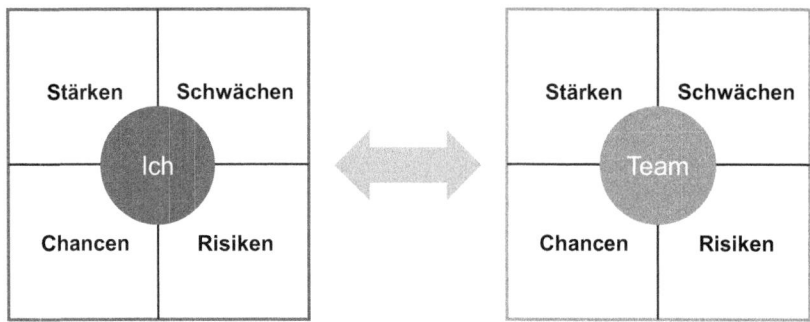

Abb. 6.1 SWOT Analyse

Dialog. Integrieren Sie die Kunden direkt oder indirekt in diese Reflektionsarbeit. Schärfen Sie so Ihr eigenes Bild wie auch die des Teams. In der Praxis entfacht sich über diesen Ansatz meistens ein sehr fruchtbarer Dialog über die Ist-Situation und die Zukunft sowie konkrete Maßnahmen, die es umzusetzen gilt.

Es kann eine wichtige Erkenntnis sein, dass man selbst eher Individualsportler ist als Teamplayer. Um mehr Erfahrungen im Teamplay zu bekommen und entsprechende „Muskeln" gezielt zu trainieren, kann es sinnvoll sein, erst im Privaten zu beginnen. Sie können zum Beispiel ein Handballspiel besuchen oder eine Orchesteraufführung in der Musikschule. Beobachten Sie dabei ganz genau, wie die einzelnen Player zusammenarbeiten. Übersetzen Sie Ihre Erkenntnisse in Ihre betriebliche Praxis. Gehen Sie als Hypothese davon aus, dass Sie schon heute ein Teamplayer sind, aber deutlich besser darin werden können. Klären Sie für sich, warum Sie ein besserer Teamplayer werden wollen. Definieren Sie Ihre Rolle als Teamplayer. Was bedeutet es für Sie, ein echter Teamplayer zu sein? Eine weitere Option ist, sich selbst im Breitensport zu engagieren und zum Beispiel ein Team zu coachen oder selbst in einem Orchester zu spielen [1, 2]. Wer ein Leben lang auf die eigene Karriere fokussiert war und sich in seiner Freizeit eher mit Tennis oder Klavierspielen vergnügt hat, muss unter Umständen etwas aufholen.

6.2   Lernen

Das lebenslanges Lernen Teil eines modernen Berufslebens geworden ist, das ist mittlerweile allgemein bekannt [3, 4]. Dahinter verbirgt sich natürlich, dass sich das Tempo der Veränderungen deutlich erhöht hat und das in der Ausbildung Gelernte nicht mehr ausreicht, um das gesamte Berufsleben zu bewältigen. Mehr noch, in der neuen Welt wird an vielen Stellen anders gedacht und gearbeitet (siehe Tab. 6.1).

So auf den Punkt gebracht wird ersichtlich, dass das Lernen eine wesentliche Komponente darstellt. Das gilt für Unternehmen wie seine Mitarbeiter gleichermaßen. Dabei geht es nicht nur um das Lernen „im stillen Kämmerlein", sondern auch um das systematische und gemeinschaftliche Lernen im Team und als Unternehmen. Lernen wird so zum Motor und treibenden Kraft einer gemeinschaftlichen Reise in eine neue Welt, die es so noch nicht gab. Wertschöpfungsketten und Strukturen von Unternehmen und ihr Automatisierungsgrad haben sich mittlerweile so dramatisch weiterentwickelt, dass Mitarbeiter und Unternehmenslenker nicht mehr alle Teile des eigenen Unternehmens und der relevanten Wertschöpfung kennen. Spezialisten und Partner optimieren und automatisieren Abläufe, Logistik sowie Forschung, Entwicklung und Marketing. Agiles Arbeiten erfordert deshalb ein systematisches Lernen auf Basis eines Growth Mindsets [5]. Dem Unternehmen sichert

Tab. 6.1   Alte vs. Neue Welt

Alte Welt	Neue Welt
Der Einzelne gewinnt	Das Team gewinnt
Spiel mit verdeckten Karten	Spiel mit offenen Karten
Der Ranghöchste hat das Sagen	Die besten Ideen und Argumente gewinnen
Zuhören um zu nicken	Zuhören um zu lernen
Erzählen	Fragen stellen
Alles wissen	Gut zu wissen, nicht alles zu wissen
IQ	IQ und EQ (Emotionale Intelligenz)
Fehler ahnden	aus Fehlern lernen
Wettbewerb	Kollaboration
Eigenwerbung	Selbstreflektion

diese Philosophie seine Wettbewerbsfähigkeit. Den Mitarbeiter beschert sie einen spannenden und attraktiven Arbeitsplatz.

Das Lernen kostet dabei nicht nur Zeit und Geld, sondern erfordert auch eine klare Ausrichtung und Hartnäckigkeit. Darüber hinaus ist es ratsam, auf unterschiedlichen Ebenen zu lernen – von Fachthemen über neue Technologien bis hin zu Aspekten und Auswirkungen der Wirtschaftspolitik. Der ganzheitliche Ansatz hilft, um das eigene Arbeitsfeld aus unterschiedlichen Perspektiven zu verstehen und es dann zu gestalten. In diesem Sinne fördert agiles Arbeiten nicht nur den persönlichen Einsatz, sondern auch die Entwicklung der Führungskompetenz.

> Agiles Arbeiten bedeutet Führung und Verantwortung im Tagesgeschäft zu übernehmen.

Der Lernerfolg folgt bei konstanter Lernzeit einer S-Kurve (Abb. 6.2). Am Anfang fällt es schwer, neue Inhalte und Verhaltensweisen zu erlernen und in die Praxis umzusetzen, bis der Knoten platzt und eine sehr erfolgreiche Phase des Lernens und Anwendens einsetzt. Diese Ent-

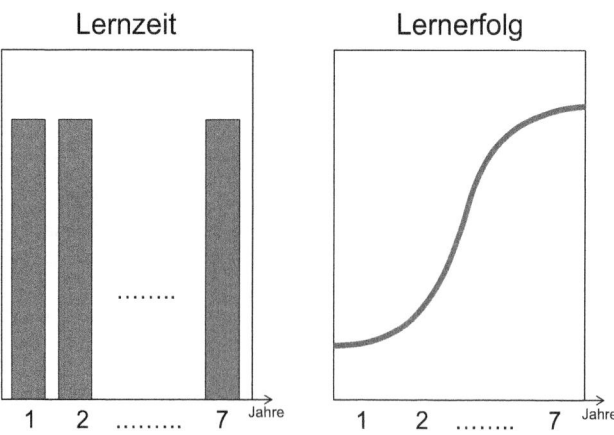

Abb. 6.2 Lernzeit und Lernerfolg

wicklung hält so lange an, bis eine Sättigung einsetzt und im Vergleich nicht mehr viel Neues dazukommt. Dieser Lernprozess wird dann im optimalen Fall durch eine neue Lernkurve abgelöst. Logischerweise folgt der finanzielle Erfolg eines Unternehmens dieser Lernkurve in einer zeitversetzten Form, d. h. der Erfolg zeigt sich erst später.

In Unternehmen ist dabei der demographische Fußabdruck zu berücksichtigen. Start-Ups haben oft die Generationen Y und vor allem Z an Bord, während traditionelle Unternehmen das Lernverhalten der Baby Boomers wie auch der Generationen X, Y und Z unter einen Hut bringen müssen. Je nach Mix der einzelnen Generationen lernt eine Organisation anders. Das hat Konsequenzen.

Traditionelle Unternehmen lernen oft top-down und so werden zum Beispiel digitale Transformationsinitiativen vom Vorstand angefangen im Unternehmen schrittweise nach unten ausgerollt. Die Generation der Baby Boomers erwartet solch einen ganzheitlichen und solidarischen Ansatz, sonst wird er als nicht ernst gemeint wahrgenommen und nicht weiterverfolgt.

Die Generation Z denkt und lernt anders – und erwartet viel mehr interaktive Formate und viel mehr Inklusion. Die Anwendung in der Praxis muss dabei im Vordergrund stehen und am Ende spürbar sein, sonst wird das Lernen nicht weiterverfolgt und als ineffektiv abgetan. Ferner empfiehlt sich, den Theorieteil kurzzuhalten. Solch unterschiedliche Lernerwartungen und -erfahrungen können Unternehmen unter Druck setzen, denn ein enges und eindimensionales Lernformat macht unter Umständen nur einen Teil der Organisation glücklich und den anderen eben nicht.

An dieser Stelle sei kurz erwähnt, dass einige nennenswerte Unterschiede zwischen den Generationen existieren (Tab. 6.2) [6]. Aktuell sind in der Regel vier Generationen gleichzeitig in Unternehmen tätig. Dieser Umstand wirkt sich nicht nur auf das Lernen aus, sondern natürlich auch auf die notwendige Führung und das Miteinander im Team. Eine entsprechend generationsübergreifende Unternehmensstrategie ist empfehlenswert.

Und es gibt noch einen zweiten Teil, den es beim Lernen zu berücksichtigen gilt. Malcolm Gladwell nennt es die 10.000 h Regel [7].

Tab. 6.2 Generationenunterschiede 1946–2020

	Baby Boomer	Generation X	Generation Y	Generation Z
Jahrgang	1946–1964	1965–1980	1981–2000	2000–2020
Eigenschaften	Optimistisch, wett- bewerbs- orientiert, Workaholic, Team- player	Flexibel, informell, skeptisch, unabhängig	Offen, wett- bewerbs-orientiert, umsetzungs-orientiert	Fortschrittlich, global, Entrepreneur, wenig fokussiert
Motiviert durch	Unternehmensloyalität, Teamwork, Pflicht- gefühl	Berufliche und persön- liche Interessen, Diversity, Work-Life Balance,	Verantwortung, Arbeitserfahrungen, Qualität des Vor- gesetzten	Individualiät, Kreativi- tät, Diversity
Kommunikation	Effizient, 1:1, Telefon	Effizient, 1:1, Telefon	Email, Text, SMS, WhatsApp	Social Media, Text, SMS, WhatsApp
Weltanschauung	Aufopferung für Erfolg & Leistung	Resistent gegen Ver- änderung, wenn es persönlich trifft	Spaß am Leben und bei der Arbeit suchen	Werte-unabhängig, individuell,

Mozart, The Beatles, Picasso und viele, viele andere haben statistisch gesehen mindestens 10.000 h gelernt, um es an die Weltspitze zu schaffen. Diese Regel gilt auch im Unternehmenskontext und die alten wie die neuen Stars im Markt haben auch diese Zeit für sich und ihre Teams investieren müssen, um sich an die Spitze im Markt zu setzen. Ausnahmen bestätigen die Regel.

10.000 h entsprechen dabei 1250 Arbeitstagen von je 8 h oder 6 Arbeitsjahren von 8 Arbeitsstunden pro Tag. In diesem Sinne benötigt man die biblischen 7 Jahre, wenn man von Null anfängt, um es in einem Bereich zur Weltspitze zu bringen. Der Leistungssport kennt diese Zahlen. Und wie im modernen Leistungssport der Athlet wie auch das Team systematisch aufgebaut werden und wachsen, so muss auch das Unternehmen Prozesse, Strukturen und Mitarbeiter kontinuierlich entwickeln und neueste Wissenschaft und Technik anwenden, um den Weg an die Spitze zu schaffen und dort zu bleiben. Gleichzeitig gilt es, die Entwicklung der Gesetze, Werte, Trends, Politik und des Ökosystems zu berücksichtigen und mit zu gestalten. In all diesen Ebenen und Perspektiven muss gelernt und experimentiert werden. Zusammengefasst kann man sagen [8, 5, 7, 9]:

> Erfolgreiches Lernen …
>
> - beinhaltet unterschiedliche Dimensionen wie Prozesse, Lieferketten, Technologie- und Marktentwicklungen, wissenschaftliche Erkenntnisse, Finanzen oder Kulturen.
> - braucht Zeit, Hartnäckigkeit, Achtsamkeit und die richtige Einstellung.
> - bringt Erfolg, wenn das Lernen in erfolgreiche Produkte und Dienstleistungen übersetzt wird.

In der Praxis ist die Zeit immer mehr ein limitierender Faktor und es sei nicht unerwähnt, dass agiles Arbeiten zeitintensiv ist. Neben der klassischen Produktionszeit und dem Lernen muss zusätzlich noch Zeit für das Team aufgebracht werden. In Summe ergibt sich somit.

> Agile Arbeitszeit = Produktionszeit + Lernzeit + Teamzeit

Die Produktionszeit steht dabei für das effiziente Arbeiten. So betrachtet erfordert agiles Arbeiten also eine Neustrukturierung der eigenen Arbeitszeit. Da dies nicht allein umgesetzt werden kann, benötigt agiles Arbeiten einen strategischen Kontext und eine breite Unterstützung – von der Team- und Unternehmensleitung bis hin zur eigenen Familie.

6.3   Umsetzen

Alle Theorie bringt nichts, wenn sie nicht in der Praxis umgesetzt wird. Die Umsetzung und die Ergebnisse sind eine der zentralen Qualitäten agilen Arbeitens und agiler Teams. Da die Mitarbeiter nah am Kunden arbeiten und sehr autark im Team handeln, stellt sich mit der Umsetzung in der Regel eine gesunde Zufriedenheit und eine hohe Motivation ein. Mitarbeiter fühlen sich nicht als Teil eines großen Räderwerkes. Im Gegenteil, agile Teams lassen Raum für ihre persönlichen Bedürfnisse und das Menschsein, kurz gesagt, das Leben. Denn wie die unterschiedlichen Generationen ein unterschiedliches Lernverhalten zeigen, so sind die Lebensphasen natürlich an unterschiedliche Bedürfnisse geknüpft. Der Start in den Beruf, die Gründung der Familie, der Kindergarten und die Schulzeit wie auch das anschließende Alter erzeugt ganz unterschiedliche Anforderungen an das Berufsleben. Analoges gilt natürlich für Singles oder Paare ohne Kinder. Im Team können die unterschiedlichen Lebenssituationen gezielt aufeinander abgestimmt werden. Das gelingt umso besser, je größer das Vertrauen und je besser das Verhältnis untereinander ist. Wenn dieser Aspekt des agilen Arbeitens in die Betrachtung mit einbezogen wird, dann kann man agiles Arbeiten auf die folgende einprägsame Formel bringen.

> **Agile Arbeit** = Liefern × Lernen × Leben

In traditionellen Taylorismus steht vor allem um das Liefern im Vordergrund, während in einer agilen Arbeitswelt das Lernen und das Leben hinzukommt – vgl. dazu auch den ganzheitlichen Ansatz des St. Galler Management-Modells [10].

Sie haben jetzt viel über agiles Arbeiten gelesen. Ihre persönliche Reise und Ihr Einsatz für mehr agiles Arbeiten können jetzt beginnen. Dabei sollten Sie sich daran erinnern, wann Sie zum letzten Mal etwas Wichtiges in Ihrem Leben gelernt und dann nachhaltig umgesetzt haben. Wie haben Sie das gemacht? Lassen Sie sich so von dieser eigenen Erfolgsgeschichte inspirieren, um jetzt Ihren persönlichen Weg in die agile Arbeitswelt zu finden.

Für jeden Menschen und jedes Team sieht diese Reise anders aus. Setzen Sie sich dabei eigene Ziele mit einer realistischen Zeitplanung. Nutzen Sie die magischen Zeitzonen: Sieben Tage, sieben Monate, sieben Jahre. Setzen Sie sich nicht unangemessen unter Druck, aber machen Sie einen Plan.

Agiles Arbeiten soll mehr oder bessere Ergebnisse liefern und darf Spaß machen. Passen Sie Ihre Planung immer wieder an und lernen Sie, wie sie am besten lernen und Neues in die Praxis umsetzen können. Machen Sie Ihre eigenen Erfahrungen und gehen mit Neugier, Engagement, aber auch Respekt und Ausdauer auf die Reise.

Folgende Aktionsliste kann Ihnen dabei helfen:

- Viele Unternehmen denken über eine Einführung oder Stärkung des agilen Arbeitens nach. Sprechen Sie mit Kolleginnen und Kollegen oder ihrem/r Vorgesetzten darüber, dass Sie Interesse an dem Thema haben und sich dafür engagieren wollen.
- Denken Sie darüber nach, wo in Ihrem Unternehmen agiles Arbeiten echten Mehrwert stiften kann. Starten Sie einen Dialog dazu. Testen Sie mögliche Veränderungen in Experimenten. Das können auch Gedanken-Experimente und Simulationen sein. Was wäre, wenn …
- Beachten Sie, dass agiles Arbeiten nie alleine gelingt. Sie müssen ein Teamplayer sein und Ihr Unternehmen braucht Teams und Unterstützung von oben. Nur gemeinsam gelingt der Wandel.

- Finden Sie Kolleginnen und Kollegen innerhalb und außerhalb Ihres Unternehmens, die für das Thema brennen. Treten Sie entsprechenden Communities und Netzwerken bei. Nutzen Sie soziale Netzwerke. Vernetzen Sie sich mit Experten auf dem Gebiet.
- Vertiefen Sie Ihr eigenes Wissen, indem Sie Newsletter zu agilem Arbeiten abonnieren. Lesen Sie weitere Bücher aus dem Umfeld, die Sie wirklich interessieren.
- Prüfen Sie, welche neuen Technologien ihre Arbeit im Team verbessern können. Machen Sie konkrete Vorschläge. Probieren Sie im Team aus.
- Sammeln Sie Daten von Ihren Kunden und den Märkten, in denen Sie aktiv sind. Machen Sie sich unabhängiger von Meinungen und Vermutungen. Seien Sie ein Sammler von Zahlen, Daten, Fakten. Teilen Sie diese im Team.
- Nehmen Sie für sich die positive Grundeinstellung ein, dass Ihre Arbeit wirklich wichtig ist und Sie diese jeden Tag ein wenig besser machen wollen. Setzen Sie sich dafür kleine Ziele, machen Sie sich einen Plan und überprüfen Sie Ihren Fortschritt. Seien Sie ein Optimist. Was gelingt? Was nicht? Warum? Lernen Sie daraus und reflektieren Sie Ihren Fortschritt – mit professioneller Distanz und mit Humor. Wer Charakter hat, kann über seine Fehler und sein Lernen auch lachen.

6.4   Zusammenfassung Kapitel 6

Um seinen Weg zum agilen Arbeiten zu finden, müssen eigene Kompetenzen als Teamplayer geschärft und entwickelt werden. Eine Bestandsaufnahme hilft, um den aktuellen Ist-Zustand besser zu verstehen. Dafür können Instrumente wie ein 360-Grad-Feedback oder eine SWOT-Analyse genutzt werden. Darauf aufbauend wird eine gezielte Lernphase hin zu mehr Agilität geplant und umgesetzt. Das führt in der Regel zu mehr Führung und Verantwortung im Tagesgeschäft. Das zugehörige Lernprogramm beinhaltet dabei unterschiedliche Dimensionen und ist auf einen längeren Zeitraum ausgelegt. Wichtig ist die Umsetzung und das Sammeln von eigenen Erfahrungen.

6.5   Checkliste Kapitel 6

Übersicht

1. Wie schätzen Sie sich als Teamplayer ein? Welche Rückmeldung gibt Ihnen das Team?
2. Was sind Ihre Stärken und Schwächen als Teamplayer? Woher wissen Sie das?
3. Welche Fehler haben Sie in den letzten 12 Monaten gemacht? Was haben Sie daraus gelernt?
4. Was wollen Sie in den nächsten 12 Monaten lernen? Warum wollen Sie genau das lernen? Machen Sie einen konkreten Plan und arbeiten Sie diesen ab!
5. Wieviel Zeit reservieren Sie pro Woche, um zu lernen? Wie diszipliniert sind Sie dabei? Wie diszipliniert können Sie sein?
6. Welche neuen Technologien testen Sie gerade? Welche Rolle spielen dabei Daten? Welchen Wert kann die Technologie und die Daten liefern?
7. Wie viel Erfahrung haben Sie mit sozialen Netzwerken? Warum nutzen Sie diese (nicht)? Wo sehen Sie Grenzen? Wie können Sie in Zukunft soziale Netzwerke noch besser einsetzen und nutzen?

Literatur

1. Gansch, C. (2014). *Vom Solo zur Sinfonie – Was Unternehmen von Orchestern lernen können*. Campus.
2. Levy, P. F. (2012). Goal play – Leadership lessons from the soccer field.
3. Longmuß, J., Korge, G., Bauer, A., & Höhne, B. (2021). *Agiles Lernen im Unternehmen*. Springer Vieweg.
4. Staats, B. (2018). *Never stop learning*. Harvard Business Review Press.
5. Dweck, C. S. (2006). *Mindset. Changing the way, you think to fulfill your potential*. Random House.
6. Purdue University. Generational differences in the workplace. https://www.purdueglobal.edu/education-partnerships/generational-workforce-differences-infographic/.
7. Gladwell, M. (2009). *Outliers. The story of success*. Hachette Book Group.

8. Duckworth, A. L. (2016). *Grit. The power of passion and perseverance.* Scribner.
9. Löhken, S. (2012). *Leise Menschen – Starke Wirkung. Wie Sie Präsenz zeigen und Gehör finden.* GABAL.
10. Malik, F. (2000). *Führen-Leisten-Leben, Wirksames Management für eine neue Zeit.* DVA.

7

Ausblick

Wir arbeiten in unserem Leben ungefähr 8000 Tage oder über 70.000 Stunden. Die meisten von uns verbringen diese Zeit in einem Unternehmen. Dabei sind in Deutschland, Österreich und der Schweiz zusammen genommen über 50 Mio. Menschen erwerbstätig. Frankreich, Spanien, Italien, Niederlanden, Belgien, Irland, Dänemark, Schweden, Griechenland kommen auf über 100 Mio. Erwerbstätige. Bei solch einem persönlichen und volkswirtschaftlichem Einsatz und so viel Lebenszeit erscheint die Frage nach einer Arbeit, die Sinn macht und in der Praxis wirklich ankommt, mehr als angebracht. Da sich heutzutage Märkte, Industrien und Handelsbeziehungen schnell verändern, muss die Antwort auf diese Frage nicht zu jedem Zeitpunkt gleich ausfallen. Unser persönlicher Erfolg wie der unseres Unternehmens kann schnell Schnee von gestern sein. Diese Erkenntnis ist nicht neu, die Geschwindigkeit und das Maß an Veränderungen und Unsicherheiten schon.

Deshalb wird die Anpassungsfähigkeit von Menschen und Unternehmen mehr und mehr ein entscheidender Faktor für die Wertschöpfung und die Wettbewerbsvorteile. Die zunehmende Digitalisierung und der Einsatz neuer Technologien bieten zudem viele

I. Gaida, *Agiles Arbeiten in der Praxis,* https://doi.org/10.1007/978-3-662-63965-8_7

neue Möglichkeiten. Vor diesem Hintergrund ist es nur konsequent zu fragen, wie Unternehmen, Führungskräfte und Mitarbeiter in Zukunft arbeiten und echte Werte schaffen, die Wachstum und Wohlstand sichern und Fortschritt generieren.

Agiles Arbeiten bietet eine neue Antwort auf diese Frage. Wir haben einige Beispiele und Ansatzpunkte dafür gegeben, den Vorhang sozusagen ein wenig gelüftet. Das Bild ist nicht vollständig. Weitere Entwicklungen sind zu erwarten.

Die neue oder besser angepasste Arbeitsform scheint eine gute Antwort auf die Herausforderungen einer VUCA-Welt zu geben. Die klassischen Methoden kommen im Tagesgeschäft immer mehr an ihre Grenzen und werden von den Mitarbeitern deshalb auch immer mehr abgelehnt. Sie passen nicht mehr in die Zeit und dauern oft zu lange. Ähnlich wird es gewesen sein, als der Automobilhersteller Ford die Arbeit am Fließband eingeführt hat und die Arbeitsteilung ihren Siegeszug durch die Industrien angetreten hat. Für Ford hat sich die Einführung damals gelohnt. Die Produktion konnte um das Achtfache gesteigert werden, die Preise im Markt gesenkt werden und den Mitarbeitern der Lohn erhöht werden. Agiles Arbeiten verspricht ähnliche Erfolge, allerdings in einem anderen Kontext und einer anderen Zeit.

Das Verständnis von Führung im Unternehmen ist mehr und mehr im Fluss. Klassische Hierarchien werden durch flexible Netzwerke und Teams ersetzt, die eigenständig entscheiden und umsetzen. Damit sie das optimal tun können, müssen dort die notwendigen Kompetenzen gebündelt und eingesetzt werden. Vielleicht ist eine der einschneidenden Veränderungen im Unternehmen, die zunehmende Bedeutung von Diversity und die damit verbundene Vielseitigkeit und Offenheit sowie das Vermeiden von Gruppendenken. Das Gesicht von Unternehmen wird sich so deutlich verändern. Frauen wie Männer werden in Führungspositionen die Geschicke der Unternehmen lenken. Leise und laute Menschen aus unterschiedlichen Kulturen bieten die Möglichkeit, unterschiedliche Perspektiven in die Entscheidungsfindung einfließen zu lassen. Dabei bekommt das Voneinander- und Miteinander-Lernen einen neuen Stellenwert.

Der Fokus der Teams liegt auf den Kunden und ihre Wertschöpfung. Der Grundgedanke ist bekannt. Die Umsetzungsmöglichkeiten verändern sich jedoch. Digitale Plattformen ermöglichen, ein direktes Verhältnis zu den Kunden aufzubauen. Die Produktionsplanung wie auch Lieferketten können so frühzeitig auf aktuelle oder zukünftige Bedürfnisse ausgelegt werden. Wenn immer möglich, werden heutige B2B Geschäfte zu B2C Geschäften. Wenn immer möglich, werden Kunden individuelle Lösungen angeboten, die auf ihre speziellen Wünsche, Bedürfnisse und Situation optimal passen. Die Bedeutung von Daten und die damit verbundenen Zahlen und Fakten werden weiter steigen. Die Automobilbranche wird Zettabytes an Mobilitätsdaten nutzen. Die Pharma-Unternehmen und Krankenkassen werden Zettabytes an Gesundheitsdaten auswerten. Logistik-Unternehmen werden Zettabytes an Daten zur Berechnung optimaler Routen bewirtschaften. Die Datenhaltung und Analyse sowie das Ableiten von Prognosen auf Basis von Simulationen wird mehr und mehr zur Kernkompetenz von Unternehmen. Ausgefeilte wissenschaftliche Methoden kommen dabei zunehmend zum Einsatz wie auch neue Möglichkeiten aus dem Bereich der künstlichen Intelligenz. Zusammen werden sie die Entscheidungsfindung stark verändern. Und es ist zu erwarten, dass wir durch den Einsatz neuer Technologien auch viel Neues über bekannte Produkte lernen. Manche werden deshalb vielleicht vom Markt verschwinden. Für innovative Unternehmen ist das kein Problem, denn sie entwickeln ihr Portfolio an Produkten und Services laufend. Ford verkauft heute kein T-Modell mehr, VW keinen Käfer und Apple keinen Macintosh. Forderungen nach mehr Klimaschutz, geringerem CO_2 Ausstoß, höherer Energieeffizienz, besserer Gesundheitsvorsorge, wirksameren Medikamenten und global optimierten Lieferketten generieren auf Basis wissenschaftlicher Erkenntnisse ganz neue und bessere Lösungen. Neue Win-Win-Win Situationen für Unternehmen, Menschen und Gesellschaft entstehen. Es gibt allen Grund, ein optimistisches Bild zu zeichnen, obwohl dieser Trend natürlich auch seine Schattenseiten hat.

Die Basis dafür bieten neue Technologien, die viele der Entwicklungen erst ermöglichen. Die Digitalisierung und die Informationstechnologie bilden aktuell die Speerspitze. Aber auch die Entwicklung von Energiespeichern und Batterien, der Ausbau und die Versorgung mit erneuerbaren Energien, die Weiterentwicklung recyclingfähiger Materialien und geschlossener Rohstoffkreisläufe, die Nutzung von CO_2

als Rohstoff, die Optimierung von Computer-Chips und optischen Instrumenten oder das Quantum-Computing bilden den Raum für neue Möglichkeiten und bessere Geschäftsmodelle. Die Robotik wird den Grad der Automatisierung in der Industrie noch einmal deutlich erhöhen. Deshalb ist zu erwarten, dass diejenigen Unternehmen, die einen speziellen Schwerpunkt auf Technologie-Entwicklung und Nutzung legen, im Wettbewerb weiter vorne liegen werden. Das gilt vor allem dann, wenn man der erste ist, der das neue Produkt oder die neue Dienstleistung im Markt anbietet. Die erforderliche Schnelligkeit und Anpassungsfähigkeit liefert das agile Arbeiten. Hier schließt sich der Kreis wieder. In Zeiten globaler Märkte und Lieferketten etablieren sich schnell zentrale Plattformen, für die gilt: „The Winner takes it all". Immer weniger gibt es dabei auch einen zweiten und dritten Gewinner, da es für den Kunden keinen Grund gibt, zwei oder drei Plattformen gleichzeitig zu nutzen. Eine reicht. Der erste im Markt zu sein, wird deshalb zu einem zentralen Wettbewerbsvorteil.

Zusammen genommen ist die Erwartung, dass sich unterm Strich die Performance von Unternehmen mit agilen Arbeitsmethoden noch einmal steigern lässt (Abb. 7.1) und gleichzeitig die Wirksamkeit von Führung wächst. Natürlich wird agiles Arbeiten in Zukunft oft als Teil einer Digitalisierungsstrategie verstanden werden oder als Teil von Industrie 4.0 angesehen werden. Das ist aber nicht zwingend.

Bei aller Euphorie sei an dieser Stelle darauf hingewiesen, dass agiles Arbeiten nicht die Antwort auf alles ist. Sie bleibt eine von vielen Arbeitsmethoden im Unternehmen. In regulierten Industrien wie der Pharmabranche, der Nahrungsmittelindustrie oder in standardisierten Produktions- und Einkaufsprozessen kann agiles Arbeiten im Tagesgeschäft nicht oder nur wenig genutzt werden, wohl aber im zugehörigen Projektgeschäft. Routinearbeiten, in denen es vor allem auf Effizienz ankommt, wird es immer geben. Und wenn sie nicht von Maschinen übernommen werden können, dann bieten Arbeitsteilung und Taylorismus eine exzellente Möglichkeit zur Optimierung von Qualität und Kosten.

In den kommenden Jahren wird das agile Arbeiten in Unternehmen weiter forciert werden. Es ist ein Trend. Mitarbeiter und Investoren werden noch mehr nach agilem Arbeiten fragen, in der Hoffnung, dass diese Unternehmen ihre kreativen und innovativen Kräfte noch besser

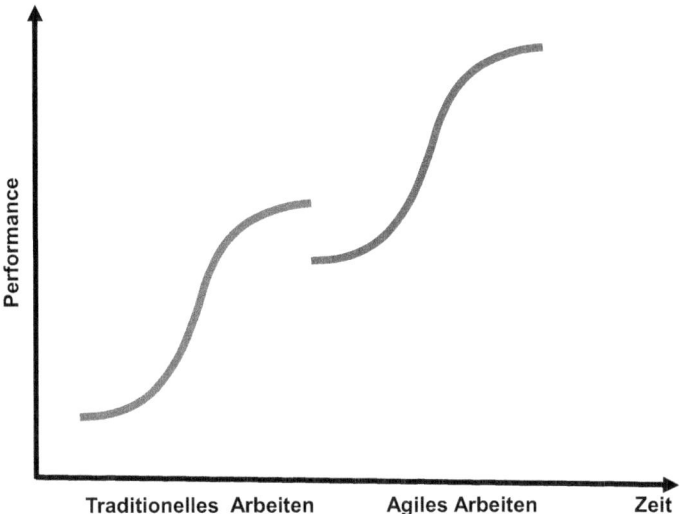

Abb. 7.1 Performance Steigerung mit agilen Arbeitsmethoden

freisetzen können und sich durch ihre Anpassungsfähigkeit nachhaltiger im Markt positionieren. Viele Unternehmen werden deshalb noch mehr auf die neue Arbeitsform setzen; und Arbeitnehmervertreter und Gesetzgeber werden ihre eigene Arbeit, Regelungen und Zielsetzungen an diese Entwicklung anpassen. So werden die Methoden und Möglichkeiten weiterwachsen und reifen.

Analog zu Themen wie Digitalisierung, Customer Relationship Management oder Prozessmanagement werden Software-Anbieter, Beratungsunternehmen und Coaches unterschiedliche Dienstleistungen und Produkte rund um agiles Arbeiten anbieten. Die Methodenvielfalt wird zunehmen und Design-Thinking, Business Model Innovation oder Scrum werden mehr und mehr zu Standards, die keiner weiteren Erklärung bedürfen. In einigen Unternehmen ist das heute schon der Fall. Ferner wird das Denken und Arbeiten in Ökosystemen zunehmen. Weiteres Wachstum ist vorprogrammiert. Diese Prognose erscheint heute mehr als sicher.

Die wirklich spannende Frage ist: Was passiert mit Unternehmen oder Führungskräften, die diesen Trend bewusst oder unbewusst verpassen? Gilt für sie in Analogie die alte Prognose von Bill Gates: „*There will be two types of businesses in the future, those that are digital and those that are out of business*"? Oder bieten sich in den traditionellen Organisationen und Geschäftsmodellen genug Chancen und Nischen, um auch hier erfolgreich zu sein und zu bleiben. Eine abschließende Bewertung scheint schwierig. Vermutlich bringt die Zukunft eine Mischung aus altem und neuen. Nur das Mischungsverhältnis ist noch zu bestimmen.

Glossar

Artificial Intelligence Steht für künstliche Intelligenz und bezeichnet den Versuch und zugehörige Technologien, die Entscheidungsstrukturen und -prozesse des Menschen nachzubilden. Typische Anwendungen sind Computerprogramme, die so eigenständig wie möglich Probleme bearbeiten und lösen können. Dabei kommen typischerweise unterschiedliche Algorithmen zum Einsatz.

Big Data Steht für Massendaten, d. h. große Datenmengen, die zu groß, zu komplex oder zu volatil sind, um sie mit klassischen Methoden der IT bearbeiten und auswerten zu können.

Data Science Abgeleitet aus dem englischen Data (Daten) und Science (Wissenschaft) steht für die Ableitung von Wissen aus Daten. Data Science nutzt wissenschaftlich fundierte Methoden, Prozesse, Algorithmen und Systeme zur Erkennung von Mustern, Strukturen und zur Ableitung von Erkenntnissen aus strukturierten und unstrukturierten Daten. Dieses interdisziplinäre Arbeitsfeld nutzt Techniken und Theorien aus unterschiedlichen Bereichen wie zum Beispiel der Mathematik, der Statistik, der Sensorik, der Bilderkennung und der IT.

Diversity Steht für die Vielfalt und das gezielte Management von Vielfalt im Unternehmen. Diese bezieht sich personelle und soziale Aspekte, d. h. Geschlecht, Kultur, Herkunft, Erfahrungen etc. Diversity Management

I. Gaida, *Agiles Arbeiten in der Praxis*, https://doi.org/10.1007/978-3-662-63965-8

hebt Vielfalt und Verschiedenheit der Mitarbeiter hervor und macht es zu einem Wert im Unternehmen.

Economy of Scope Steht für Verbundeffekte oder Verbundvorteile und meint qualitative Auswirkungen auf mehrere Produkte oder Aktivitäten mit einem positiven Kosteneffekt. Durch Verbundeffekte können mittels Kooperation Synergien und Kostenvorteile realisiert werden, zum Beispiel durch Mehrfachnutzung von Ressourcen. Als Folge können zwei oder mehr Produkte oder Dienstleistungen gemeinsam zu niedrigeren Kosten angeboten werden als getrennt voneinander.

Empowerment Steht für die Ermächtigung und die Übertragung von Verantwortung. Es erhöht die Autonomie und Eigenverantwortung von Menschen und Teams. Voraussetzung sind eine belastbare Vertrauenskultur und die Bereitschaft und Möglichkeit zur Delegation.

Exploitation Steht für die Fähigkeit eines Unternehmens in Bezug auf Effizienz und Leistung mit einem starken finanziellen, quantitativen Schwerpunkt.

Exploration Steht für die Fähigkeit eines Unternehmens zur Erkundung neuer Geschäftsmodelle und Technologien mit einem quantitativen und qualitativen Schwerpunkt.

Grit Steht für Entschlossenheit und Hartnäckigkeit, die es braucht, um es in einem unternehmerischen oder fachlichen Thema zu hoher Leistung und Professionalität zu schaffen.

Growth Mindset Menschen mit einem „Growth Mindset" (engl. wachstumsorientierten Einstellung) arbeiten weiter hart und wachsen, auch wenn sie Rückschläge erleiden. Solche Menschen glauben, dass sie jede Fähigkeit erlangen können, wenn sie sich nur hinreichend einsetzen und in intelligenter Form lernen. Es wird angenommen, dass diese Menschen weniger Stress erleben und auf lange Sicht erfolgreicher sind.

Industrie 4.0 Steht für die umfassende Digitalisierung in der Industrie. Ziel ist es, die existierende Produktion mit modernen digitalen Technologien auszurüsten, sodass eine neue Form der Zusammenarbeit zwischen Menschen und Maschinen entsteht. Menschen, Maschinen, Anlagen, Logistik, Versorgung und Produkte kommunizieren und kooperieren ständig miteinander entlang der gesamten Wertschöpfungskette. Diese wird dabei kontinuierlich optimiert, angepasst und weiterentwickelt.

Mindfulness Steht für Achtsamkeit und die Fähigkeit, seine Aufmerksamkeit auf das Hier und Jetzt zu konzentrieren ohne voreilig zu urteilen. Die Fähigkeit erfordert in der Regel gezieltes Training.

Purpose Steht für Zweck, Absicht, Sinn. Menschliches Verhalten basiert auf tief liegenden Glaubenssätzen, Bedürfnissen und Zielsetzungen. Im unternehmerischen Kontext wird es benutzt, um die tiefere Sinnstiftung zu adressieren.

Span of Control Steht für die Führungsspanne. Damit ist die Anzahl der einer Führungsstelle unmittelbar unterstellten Mitarbeiter gemeint, d. h. wie viele Mitarbeiter direkt an eine Führungskraft berichten.

Value Proposition Steht für das Versprechen, einen bestimmten Wert zu liefern. Es steht gleichzeitig für die Erwartung eines Kunden, wie ein Wert geliefert wird. Das Versprechen kann für ein ganzes Unternehmen stehen und ist dann eng mit der Unternehmensmarke und der Unternehmensstrategie verknüpft.

VUCA Abkürzung für Volatility (Unbeständigkeit), Uncertainty (Unsicherheit), Complexity (Komplexität), Ambiguity (Mehrdeutigkeit). Steht für schwierige und sich dauernd ändernde Rand- und Rahmenbedingungen in der Führung von Teams und Unternehmen.

WoL Abkürzung für Working Out Loud. Steht für den methodischen Ansatz, seine Arbeit und sein Wissen mit anderen zu teilen. Dabei wird WoL als Summe der sichtbaren Arbeit mit dem Teilen der Arbeitsergebnisse definiert. Entsprechend kommen in der Praxis Kollaborationsplattformen wie auch soziale Netzwerke gezielt zum Einsatz.

Printed by Books on Demand, Germany